抽水蓄能电站工程建设
安全管理要点

王海波　张忠桀　主编

中国水利水电出版社
www.waterpub.com.cn
·北京·

内 容 提 要

　　抽水蓄能电站作为当前最成熟的大规模储能调节电源技术之一，可以有效保障电力系统安全、稳定和高效运行。抽水蓄能电站工程建设是一项复杂的工业活动，其建设施工中存在诸多安全风险，本书全方位剖析了抽水蓄能电站建设的主要风险，从"人、物、环、管"等多角度提出安全管理风险对策，并结合南方电网储能股份有限公司在梅州抽水蓄能电站和阳江抽水蓄能电站等项目建设过程中安全管理方面的实践总结，从"安全基础管理、人员管理、施工用具管理、作业环境管理、典型作业风险管控"五个层面为读者提供系统、全面的抽水蓄能电站建设安全管理经验及知识。

　　本书可供抽水蓄能电站建设安全管理方面的科研人员、大学教师和相关专业的研究生，以及从事相关工作的技术人员参考。

图书在版编目（ＣＩＰ）数据

　　抽水蓄能电站工程建设安全管理要点 / 王海波，张忠桀主编. -- 北京 : 中国水利水电出版社，2022.12
　　ISBN 978-7-5226-1320-8

　　Ⅰ. ①抽… Ⅱ. ①王… ②张… Ⅲ. ①抽水蓄能水电站－工程施工－安全管理 Ⅳ. ①TV743

　　中国国家版本馆CIP数据核字(2023)第027576号

书　　名	**抽水蓄能电站工程建设安全管理要点** CHOUSHUI XUNENG DIANZHAN GONGCHENG JIANSHE ANQUAN GUANLI YAODIAN
作　　者	王海波　张忠桀　主编
出版发行	中国水利水电出版社 （北京市海淀区玉渊潭南路1号D座　100038） 网址：www.waterpub.com.cn E-mail：sales@mwr.gov.cn 电话：（010）68545888（营销中心）
经　　售	北京科水图书销售有限公司 电话：（010）68545874、63202643 全国各地新华书店和相关出版物销售网点
排　　版	中国水利水电出版社微机排版中心
印　　刷	清淞永业（天津）印刷有限公司
规　　格	210mm×297mm　16开本　9印张　186千字
版　　次	2022年12月第1版　2022年12月第1次印刷
印　　数	0001—1000册
定　　价	**168.00元**

《抽水蓄能电站工程建设安全管理要点》
编　委　会

主　任　刘国刚

副主任　李定林　周建为　孙立群　刘学山
　　　　黄　海　余晓峰

委　员　姬长青　李育林　王尚顺　余建生
　　　　林　恺　李　晖　朱金华　彭　潜
　　　　王　军　朱泽宽　郑　智　杨跃斌
　　　　齐志敏　黎昌杰　徐　斌　雷兴春
　　　　郭　凯　刘　涛

主 要 编 写 人 员

主　　编　王海波　张忠桀

编写人员　甘享华　李　静　胡广恒　孟　军　贺　冲　英鹏涛　杨小龙
　　　　　　宿　生　詹才锋　龙　方　张琪琦　姚小朋　谭洪柏　黄学铭
　　　　　　严继松　陈　源　吕　程　曹　锋　刘振庚　王　印　王天华
　　　　　　刘　良　姜　诚　鲁安亮　夏志远　蒋俊麒　李　霞　钟朝现
　　　　　　简　彪　史云吏　陈志明　黄宇飞　黄鹤程　陈健华　黄文锋
　　　　　　王国臣　王　超　张　彬　叶　飞　汤德海　张　超　陈比望
　　　　　　倪雪丹　刘　艳　罗盛杨　付　山　王　雷　黄　政　黄仕鑫
　　　　　　金　伟　张　帆

审稿人员　夏松雨　黎扬佳　周建为　刘学山　吴　晖　陈好军　何海源
　　　　　　牛文彬　时训先　刘德忠　苏经仪　赵　炜　姬长青　王尚顺
　　　　　　李　晖　雷兴春　陈　源　张养锋　刘生国　陈　武　王　成
　　　　　　朱　强　范宗夏　周　清　李　强　马贵红　浦德伟　尚志华
　　　　　　康进辉　王　海　袁　殷

主编单位　南方电网储能股份有限公司

参编单位　中国水利水电建设工程咨询中南有限公司
　　　　　　浙江华东工程咨询有限公司
　　　　　　四川二滩国际工程咨询有限责任公司
　　　　　　中国水利水电建设工程咨询西北有限公司
　　　　　　中国水利水电第七工程局有限公司
　　　　　　中国水利水电第十四工程局有限公司
　　　　　　中国水利水电第八工程局有限公司
　　　　　　中国水利水电第十六工程局有限公司
　　　　　　中国安能集团第一工程局有限公司
　　　　　　广东水电二局股份有限公司
　　　　　　湖北安源安全环保科技有限公司

序

党的二十大报告指出，积极稳妥推进碳达峰、碳中和，深入推进能源革命，加快规划建设新型能源体系。抽水蓄能在电力系统中具有调峰、调频、调相、储能、系统备用、黑启动等六大功能，是目前最成熟、最可靠、最安全、最具大规模开发潜力的储能技术，对于维护电网安全稳定运行、构建以新能源为主体的新型电力系统具有重要支撑作用。在2020年9月我国提出"双碳"目标后，抽水蓄能电站建设迎来了爆发式增长，又好又快推进项目建设成了建设者们的首要目标。

抽水蓄能电站工程建设具有建设周期相对较长、施工作业环境复杂、施工专业工种多、作业人员数量庞大等特点，施工过程中存在爆破、物体打击、机械伤害、触电、高处坠落、坍塌、起重伤害、中毒窒息、冒顶片帮等20余种危险有害因素，地下洞室内地质条件相对复杂、施工工艺更新迭代速度较慢、作业人员没有接受系统化安全教育培训、管理思维相对落后等问题也普遍存在，上述危险有害因素和存在的问题严重影响抽水蓄能电站的施工安全。

目前，我国的安全生产法律法规相对完善、电站建设规程规范众多，但在实际应用中，受施工场地、地质条件、施工工艺等多种因素限制，会出现部分条款落地困难的问题。为此，南方电网储能股份有限公司的建设者们从项目建设的实际情况出发，开展了大量调查研究和实践探索，在国内首创了覆盖电站建设全过程2421项施工作业任务的《抽水蓄能电站施工作业风险数据库》，识别了7310项具体的安全风险并逐项从"人、物、环、管"等方面制定风险管控措施，通过信息化手段打通事前风险管控策划、事中风险监督落实、事后风险管控回顾全链条管理，实现了数字化和可视化的安全管理。同时，建设者们勇于创新，通过不断丰富、完善安全文明施工标准化措施，发明了"本质安全型智能施工配电箱"，改进了竖井施工工艺，攻克了诸多长期以来难以根治的安全管理难题。

本书从建设者的视角，以图文结合的方式，系统阐述了抽水蓄能电站施工安全管理要点和采取的主要技术措施，总结了南方电网储能股份有限公司在抽水蓄能电站建设过程中的安全管理实践经验，旨在为广大抽水蓄能电站建设者们提供有益的参考信息，从而实现行业安全理论水平和实践工艺水平的整体提升。

征途漫漫，上下求索。我们将不断在探索中实践，在实践中总结，与大家分享有价值的知识。也期望与广大建设者们一起不断为抽水蓄能电站安全管理事业做出更大的贡献。

是为序。

本书编委会

2022年12月

前　言

当今世界，百年未有之大变局加速演进，新一轮科技革命和产业变革深入发展，全球气候治理呈现新局面，新能源和新信息技术紧密融合，生产生活方式加快转向低碳化、智能化，能源体系和发展模式正在进入非化石能源主导的崭新阶段。基于新的时代背景和行业形势，我国在2020年9月22日第75届联合国大会上庄严提出："中国将提高国家自主贡献力量，采取更加有力的政策和措施，二氧化碳排放力争于2030年前达到峰值，努力争取2060年实现碳中和"。国家能源局提出我国能源发展总体思路是在保证能源安全的前提条件下，持续推进能源绿色低碳转型，在构建以新能源为主体的新型电力系统过程中，需要大幅提升电力系统的调节能力。

抽水蓄能电站可以有效保障电力系统安全、稳定和高效运行，具有投资规模大、产业链条长、带动作用强等特点，可以有效拉动地方经济增长，经济和社会效益显著。抽水蓄能作为目前技术最为成熟的电力调峰调频方式之一，成为能源转型和保障我国能源安全的重要举措。按照国家能源局发布的《抽水蓄能中长期发展规划（2021—2035年）》，到2025年抽水蓄能投产总规模6200万kW以上，2030年投产总规模1.2亿kW左右。

抽水蓄能电站工程建设（以下简称"电站建设"）是一项复杂的工业活动，具有施工环境复杂、建设周期长、参与人员多等特征，而施工人员的安全意识和安全技能仍处于较低水平。安全设施标准化程度不高，使安全管理工作呈现出风险分布广、管理要素多、习惯性违章难以根治等特点。

南方电网储能股份有限公司是南方电网下属负责电站建设、运维的专业子公司，自20世纪90年代以来，围绕"一切事故都可以预防"的安全理念，先后完成广州抽水蓄能电站（一期、二期）、惠州抽水蓄能电站（一期、二期）、清远抽水蓄能电站、深圳抽水蓄能电站、海南琼中抽水蓄能电站、梅州抽水蓄能电站（一期）、阳江抽水蓄能电站（一期）等项目建设，对抽水蓄能建设安全管理模式和技术措施进行了探索和实践，建立了科学系统的安全生产风险管理体系，形成了一批可在企业内部和行业内推广应用的经验和成果。在电站建设过程中，南方电网储能股份有限公司一直秉承团结务实的工作作风，发挥业主的核心地位和主导作用：以专业水平来引导人，以敬业精神来感召人，以模范履约来鼓舞人，以诚信公正来团结人。坚持培养"懂安全、会管理、肯奉献、敢担当"的复合型人才。

本书详细介绍了电站建设过程中的安全管理要点，共分为3章。第1章结合安全管理的基本要素，系统阐述了电站建设风险管控策略。第2章介绍电站建设过程中提升安全管理和文明施工的28个实践案例。第3章展望了电站建设安全管理与经济协调发展的方向。

在本书的编制过程中，参考了行业内专家学者、相关企业的研究和实践成果，并得到了业内有关单位的鼎力配合、有关专家的悉心指导，在此对中国水电水利规划设计总院、中国电力企业联合会、中国安全生产科学研究院、中国水利水电建设工程咨询中南有限公司、浙江华东工程咨询有限公司、四川二滩国际工程咨询有限责任公司、中国水利水电建设工程咨询西北有限公司、中国水利水电第七工程局有限公司、中国水利水电第十四工程局有限公司、中国水利水电第八工程局有限公司、中国水利水电第十六工程局有限公司、中国安能集团第一工程局有限公司、广东水电二局股份有限公司、湖北安源安全环保科技有限公司等单位及夏松雨、黎扬佳、陈好军、何海源、牛文彬、时训先、刘德忠、苏经仪、赵炜等专家表示诚挚的感谢！

南方电网储能股份有限公司建设的部分抽水蓄能电站实景

目　录

第1章
抽水蓄能电站建设风险管控策略

电站建设安全管理是一项系统性工作，需结合项目的实际情况，综合考虑技术、质量、费用、进度、职业卫生、环境保护等多方面因素，建立"基于风险、持续改进、系统规范"的安全管理体系，统筹工程项目各参建单位在开工前开展系统的安全管理策划，建立健全风险分级管控和隐患排查治理双重预防机制，组织落实全员安全生产责任制，持续改善安全管理绩效，有效降低事故事件发生概率。

1.1 安全管理基本要素

安全管理作为企业生产经营的重要组成部分，需要建立科学系统、主动超前的安全生产管理体系和事故事件预防机制，从源头上防控安全风险，从根本上消除事故隐患，对建设生产过程中的一切人、物、环境和管理进行动态地干预和控制，使人、物、环境、管理具有预防和抵御事故的内在能力和内生功能，使得整个建设生产系统总是处于最佳安全状态。

（1）"人"的要素。以人为本，全员施治。人是生产过程中最核心、最活跃、最难控的要素，设备升级、技术迭代、管理提升和环境改善必须依靠人。保障人身安全是员工幸福的基本底线，充分发挥员工主动性和创造力，人人有责、人人尽责地推动企业安全生产工作是预防事故事件的基础。企业要引导"一切事故都可以预防、一切风险都可以控制、一切隐患都可以消除"的价值取向，树立全面系统谋划安全、凡事优先考虑安全、超前防治风险隐患、追根溯源整治问题的安全理念，培养想安全、会安全、能安全的员工。

（2）"物"的要素。物的安全状态是本质安全管理的基础。物的安全管理目标是使物的固有属性和功能安全最大化，使危险源与风险点趋于无限最小化。物应具有抵御人的失误和设施设备故障造成不良后果的能力，即在设施设备本身具有主动防止和应对人的不安全行为的功能；同时具有在设施设备发生故障的情况下，能暂时维持正常工作或自动转变为安全状态的功能。

（3）"环境"的要素。环境安全管理是基于作业环境面临的风险，消除或控制工作场所危害因素，有效管理安全距离、地理环境、地质条件、高处、临边、孔洞照明通风、噪声粉尘、标志标识等环境因素，严格按"同时设计、同时施工、同时投入使用"的要求落实现场安全措施，不断改善环境与人和设施设备的相互关系，使环境对人更加友好、对设施设备更加适宜。

（4）"管理"的要素。管理是贯穿"人、物、环境"三个要素的中枢。构建适应新时代、新模式的安全生产责任体系、安全生产保障体系和安全生产监督体系的管理系统，明确资源配置、风险分级管控、隐患排查治理、应急、事故事件调查和责任追溯等管理标准，并根据环境变化，持续优化迭代组织体系、管理机制和制度流程，缩短管理链条和流程环节，使管理效率和安全生产水平不断提高，统筹好发展与安全。

1.2 主要安全风险因素

由于施工区域相对偏远封闭、作业环境艰苦、施工工艺复杂、作业人员业务水平良莠不齐，电站建设施工安全风险分布广、风险系数高、管理难度大，主要涉及以下安全风险因素。

1.2.1 主要安全风险影响因素

1.自然环境复杂，潜在风险较大

电站选址大多远离城镇、交通条件不便，工程地质条件难以准确探明、自然气候多变，施工现场存在滑坡、坍塌等自然灾害的风险，上述因素均可能对工程项目建设带来不利影响，甚至造成安全事故。

2.施工工艺复杂，技术密集

电站工程包括厂房、大坝、输水水道、开关站、房屋建筑等多种形式的建（构）筑物。斜竖井等施工工艺相对复杂、施工难度大，地下洞室地质条件复杂多变，涌水、岩爆等突发状况较多，高水头、大容量机组也加大了土建施工和设备制造安装的难度。

3.管理关系复杂，违章管理难度大

电站建设参建单位包括业主、勘察设计、监理、施工、质量检测、安全监测等单位，电站前期工程、主体工程、附属工程等阶段交叉进行，土建开挖支护、混凝土浇筑、灌浆施工、机电设备安装调试、大坝填筑、厂房装修、公路施工、配套房屋建筑等工作交叉进行，在工序转换、工作移交过程中，沟通协调工作量较大，管理关系复杂。

据"十三五"期间电力人身事故统计数据，电力人身事故中由于人的不安全行为导致的占比约85%。人的不安全行为包括违章指挥、违章作业、违反劳动纪律。"三违"发生的原因主要包括管理人员规矩意识淡薄、对法律法规缺乏敬畏之心，在进度紧张、经济压力大的时候心存侥幸，违反法律和规程要求组织施工。违章作业的主要表现是作业人员不清楚规程规范和安全操作规程，存在"无知者无畏"的情况，同时，施工单位对分包商管理深度不足，作业人员违章成本低，导致习惯性违章屡禁不止。依据海因里希法则，上述问题如不加以控制，将会加大事故发生的概率。

4. 作业人员流动性大，队伍素质良莠不齐

电站建设过程中施工工序多、工序转换快，施工作业多为劳务分包，施工人员流动性较大，施工队伍素质良莠不齐。现场作业人员存在安全意识较差，安全技能欠缺等问题，而这些人员往往在深基坑、高边坡、地下洞室等不安全因素多的区域作业，安全风险较高。

5. 物的管理要素多，风险管控难度大

电站建设过程需使用施工车辆、起重提升设备、拌和楼、脚手架及作业平台等种类繁多的设施设备，涉及设计、制造、安装、检验、验收、准入、检查、维护、保养等诸多环节，涉及的相关方众多，管理要求高，如任一环节管理不到位，都可能导致"物"的不安全状态，埋下事故安全隐患。

1.2.2　风险范畴

电站建设周期主要划分为前期工作、前期工程、主体工程和项目收尾四个阶段，涉及爆破、开挖、填筑、起重吊装、交通运输等诸多作业任务。随着项目建设的推进，工程管理和施工作业任务会不断发生更替变化，安全风险也随之发生变化。根据电站建设业务属性，明确风险范畴，作为风险管控的基准，对精准高效开展安全管理策划、制度建立、风险分级管控和隐患排查治理等系列安全管理活动具有重要意义。南方电网储能股份有限公司根据国家标准，结合已建成的抽水蓄能电站安全管理经验，将电站建设风险范畴归纳为人身风险、设备风险、电网风险、环境与职业健康风险、社会影响风险和网络安全风险六大类，具体内容见表1.2.2-1。

表 1.2.2-1　抽水蓄能电站建设风险

风险范畴（类型）	事故风险种类	风险描述
人身风险	高处坠落	临边孔洞防护设置不足、安全距离不够或作业人员未正确佩戴个人防护用品导致的人员高处坠落事故

风险范畴（类型）	事故风险种类	风 险 描 述
人身风险	物体打击	高边坡、地下洞室、模板等高处部位存有松动易落物体未及时清理、作业部位坠落防护设置不足、高处作业工器具未做好保护等导致高处落物造成物体打击伤害
	触电	未严格执行三相五线制和"一机一闸一保护"要求，接地接零保护缺失，用电检查不到位，设备漏电或电缆破损，漏保开关失效，无关人员违规进入带电区域，安全距离不足，可能导致人员触电伤害
	车辆伤害	疲劳驾驶、酒后驾驶、超速、超载驾驶车辆，车辆日常维护保养不到位，路况不佳、能见度较低等情况下，可能发生交通事故造成车辆伤害事故
	机械伤害	施工机械具存在缺陷或防护不足，作业人员违反操作规程作业，可能造成机械伤害事故
	起重伤害	起重设备的安全装置失效，钢丝绳、吊环磨损，起吊物件超载超限、起吊物件绑扎不牢固、起重机械操作人员违章操作，吊装区域人员清理不到位等，可能导致物体掉落造成起重伤害事故
	坍塌	地下洞室支部不及时或质量不到位，违反强制性条文提前拆除混凝土模板等可能造成坍塌事故
	爆炸（火药爆炸、容器爆炸、其他爆炸）	民用爆破用品运输、使用、清理等工作不规范，盲炮清理不规范或不及时，易燃气瓶间距不足，压力容器安全附件损坏，易燃易爆品仓储管理不善等可能导致爆炸事故
	中毒和窒息	地下洞室、密闭压力容器、尾水肘管、集水井等有限空间作业未严格执行有限空间作业规范，作业现场通风不畅、个人防护用品不足，氧气含量不足或存在有毒气体，可能造成人员中毒或窒息事故
	其他	火灾、淹溺、冒顶片帮、透水、灼烫及其他潜在的事故风险
电网风险	系统失稳	电站涉网试验管理不到位，可能对电网稳定带来影响，造成系统失稳甚至停电事故
设备风险	设备损坏	设备安装调试过程中，如操作不当，可能造成发电机磁极线棒绝缘击穿甚至烧毁、机组发生飞逸等事故事件，施工单位设备管理不到位、作业人员操作不当可能造成施工设备损坏
	设备性能下降	基建与生产并行阶段，可能因爆破震动等对运行机组的质量造成影响，导致设备性能下降
	建构筑物损坏	超标洪水、地震等自然灾害、大坝自身缺陷等造成大坝溃坝、漫坝、垮塌事故，也可能发生水淹厂房事故

风险范畴（类型）	事故风险种类	风 险 描 述
环境与职业健康风险	职业病	在生产过程中，因接触粉尘、噪声、放射性物质和其他有毒、有害物质等因素而引起职业病的风险，长期处于阴冷、潮湿、炎热和人机功效不良等场所，可能导致职业性疾病
	公共卫生	基建项目因人员聚集多、作业场所相对封闭，存在食物中毒、传染性疾病的风险
	环境污染	电站建设活动可能引起大气污染、水体污染、土壤污染、电磁污染、噪声污染、光污染等环境污染事件
	生态破坏	电站建设活动可能产生植被破坏、水土流失等生态环境破坏风险
社会影响风险	法律纠纷	电站建设过程中如管理不善，可能对周边居民的自身利益造成侵害，如爆破对房屋及人身带来侵害、环境污染带来农业减产、水土流失带来农田侵占、征地移民政策执行不到位带来利益受损等，上述问题均存在较大法律纠纷
	安保维稳	项目出入口众多，封闭管理难度大，如安保管理不到位，可能发生偷盗、打砸抢等事件
	声誉受损	媒体负面报道、相关方投诉和上级单位、政府部门通报等引起的声誉受损风险
	群体事件	电站建设过程中在征地移民、农民工工资支付等环节可能存在较大的群体性事件风险，也可能存在集体上访风险
网络安全风险	有害程序风险	受到计算机病毒、蠕虫、木马、僵尸网络、混合攻击程序、网页内嵌恶意代码或其他有害程序影响，危害系统中数据、应用程序或操作系统的保密性、完整性或可用性，或影响信息系统的正常运行风险
	网络攻击风险	信息系统的配置缺陷、协议缺陷、程序缺陷被利用，遭受或被暴力攻击，造成信息被篡改、假冒、泄露、窃取、丢失或其他信息破坏的事故

1.3　安全管理核心内容

电站建设过程中需始终以防范人身伤亡事故为重点，围绕安全生产目标，明确各参建单位主体责任，建立健全安全生产责任体系、安全生产保障体系和安全生产监督体系，健全安全管理规章制度，保障安全生产投入，加强安全教育培训，推进安全生产标准化建设，持续提高施工安全管理水平；依靠科学管理和技术创新，将"一切事故都可以预防"的安全理念内化于心、固化于制、外化于行，转化为建设者的一致行动，引领、推动本质安全型项目建设。

（1）建立健全安全管理组织机构，明确其职责。结合工程建设实际，建立各级安委会（安全领导小组）、安全监督机构、应急指挥中心等组织体系，制定安全生产目标指标，明确各参建单位的安全生产责任、管理范围和考核标准，并实施考核奖惩。项目建设过程中，实行建设单位统一协调管理，勘察设计、施工、监理单位在各自工作范围内履行安全生产职责。

（2）建立健全安全生产责任制。安全生产责任制是企业岗位责任制的一个组成部分，是企业中最基本的一项安全制度，也是企业安全生产、劳动保护管理制度的核心。根据安全生产方针和安全生产法律法规，按照"三管三必须"和"党政同责、一岗双责、齐抓共管、失职追责"的原则，项目各参建单位建立组织机构和岗位人员在生产过程中层层负责的责任制度。

（3）开展项目安全管理策划，并按计划实施。安全策划要结合项目实际，综合考虑质量、进度、技术、造价、职业卫生、环水保等因素，确定项目建设安全管理的各项总体要求。按照"年报告、月计划、周调整、日落实"的管控周期，在"事前、事中、事后"等管理环节，开展系统化、规范化和流程化的闭环管理。

（4）健全安全管理规章制度，明确安全管理流程。获取、识别与项目建设安全管理相关的法律法规、规程规范等国家和行业管理文件，按照"谁主管谁负责"和"写我所做、做我所写"的原则，对组织机构和岗位人员的安全管理业务事项和工作流程进行明确，形成有序、高效开展项目建设的安全管理规章制度。安全管理规章制度应包括适用范围、组织机构或岗位人员职责、管理内容、管理流程和到位标准等核心内容。

（5）建立健全落实风险分级管控和隐患排查治理机制。全面、充分辨识项目建设过程中存在的危险因素，定性或定量开展风险评估，制定风险管控措施，定期检查风险管控措施落实的及时性、充分性和可靠性，及时纠正、预防人的不安全行为、物的不安全状态、环境的不利影响和管理的缺失等安全隐患，有效降低安全事故发生的概率。

（6）强化安全技术支撑，开展安全文明施工标准化管理。针对工程项目建设存在的潜在风险，系统、全面地开展安全文明施工规划，建立标准化的管理措施和技术措施，包括开工许可、安全技术方案编制与审查、安全技术交底、安措费投入和安全防护设施设备使用等，应用新技术、新工艺、新材料和新设备，充分发挥创新引领作用，持续强化安全技术支撑，建设本质安全型项目。

（7）建立健全应急管理体系，保障应急处置能力。建立以建设单位为主，涵盖所有参建单位的应急管理组织机构。针对项目建设可能遇到的风险，制定综合应急预案、专项应急预案和现场处置方案，建立应急队伍，合理配置应急物资，按计划开展应急演练。针对突发事件，高效开展预警和响应，做好应急救援工作。

（8）建立科学有效的安全教育培训机制。依照国家和行业相关要求，结合项目建设实际需要，制定有针对性的安全教育培训计划，定期对管理人员、技术人员和作业人员开展安全教育培训，提升项目相关人员的安全意识和技术技能，完成从"要我安全"到"我要安全"，最终到"我会安全"的质的转变。

第 2 章
实践案例

2.1 安全基础管理

安全基础管理是指依法依规建立健全安全生产组织机构、制定各岗位安全生产责任制、建立健全各专业各领域安全生产规章制度和基础安全策划文件,通过多种手段推进安全管理机制高效运转,以实现生产经营单位安全生产目标。

当前,在电站建设过程中,一定程度上存在安全生产责任制不健全、安全资源配置不合理、安全管理机制运转不畅等基础问题。因此,夯实安全管理基础是电站建设安全管理的首要任务。

2.1.1 安全生产责任制

安全生产责任制是企业为落实国家"安全第一、预防为主、综合治理"的安全生产方针,根据安全生产法律法规,结合企业安全生产目标指标,明确各岗位在劳动生产全过程中需落实的安全职责,并对履职情况进行监控,以确保企业安全职责的层层传递和落实到位。

1. 主要风险

未有效落实安全生产责任制是导致安全问题发生的根本原因,主要存在以下风险:

(1)各参建单位安全生产责任制度制定不全面或传递不到位,安全保障体系与监督体系责任界定不清,各岗位人员分工不明确、职责不清晰,存在因安全生产"无人管""多头管"或"推诿扯皮"而出现管理"真空"的风险。

(2)各参建单位未建立有效的安全生产责任制监督机制、考核机制及奖惩措施,导致责任制落实不到位、自循环运转不畅，安全管控效率低下，存在安全隐患无法及时消除的风险。

2. 管控措施

针对上述风险，主要管控措施如下：

（1）按照"管业务必须管安全、管生产必须管安全"要求，建立健全涵盖各参建单位全体岗位的安全生产职责，并建立衡量标准及考评制度。

（2）针对项目建设存在的安全生产风险，制定具体的安全生产目标，通过逐级签订安全生产责任书的形式将其分解至各层级、各岗位，明确工作要求和具体措施。

（3）制定安全绩效考核机制，由各级安监人员履行监督考核职责，督促各层级、各岗位履行自身安全生产主体责任。发现问题时，倒查管理责任，对责任单位及人员进行考核，考核结果与绩效评价挂钩，通过安全考核将安全履职的压力传递至管理人员、作业人员。

（4）制定安全激励机制，将日常安全贡献与奖励挂钩。

3. 实践探索

各参建单位建立健全全员安全生产责任制，制定可衡量的安全职责到位标准，结合日常安全管理情况开展安全监督与考核，配套安全奖惩机制。具体实践探索情况如下：

（1）建立健全安全生产责任制。项目各参建单位建立健全涵盖安全生产保障体系、安全生产责任体系和安全生产监督体系的全员安全生产责任制。

建设、监理、施工单位组成项目三级安全管理网络（见图2.1.1-1），其中各级专业部门负责履行安全管理主体责任，各级安监部门负责履行综合监督责任。当发现问题时，由各级专业部门负责整改，各级安监部门负责监督问题整改的有效性。

依托三级安全管理网络，建立安全责任分区机制，明确各作业面现场安全主体责任人员和监督人员，并在现场张贴安全生产责任牌（见图2.1.1-2）。

（2）组织落实各级安全生产责任制。建设单位组织制定项目总体安全生产目标指标，将目标指标分解至各承包商。建设单位组织内部人员逐级签订安全生产责任书，通过责任书明确安全责任和目标，对照开展责任制考核。同时，建设单位与各承包商签订安全生产目标考核责任书，传递安全管理责任和目标指标。项目各参建单位每年年初编制安全生产重点工作计划并分配至各岗位，明确工作标准和完成时限，按月跟踪落实情况，确保目标指标可控受控。

（3）实施安全生产责任制监督与考核。建设单位组织各承包商建立安全生产责任制监督考核机制，在日常发现问题时由安监人员倒查各级人员的责任履职情况，按照"尽职照单免责、失职照单追责"的原则实施考核。

图 2.1.1-1　基建项目三级安全管理网络

中国南方电网
CHINA SOUTHERN POWER GRID

安全生产责任牌

施工区域			
施工单位现场负责人		联系方式	
施工单位技术负责人		联系方式	
施工单位质量负责人		联系方式	
施工单位安全负责人		联系方式	
协作单位			
协作单位区域负责人		联系方式	
工程监理		联系方式	
安全监理		联系方式	

图 2.1.1-2　安全生产责任牌

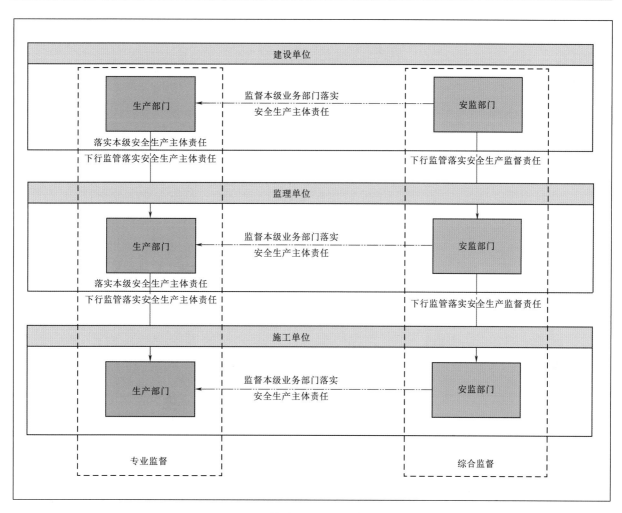

监督方法包括工作督办、责任约谈、绩效扣分、违章处罚、违章扣分、违章公示等多种形式,并定期对安全生产责任制考核情况进行通报。

通过刚性开展监督与考核,倒逼各级主体责任部门主动履行自身安全职责,形成齐抓共管的良性安全氛围。同时,鼓励承包商自发暴露问题,当承包商自发暴露问题时不予追究责任。

（4）开展安全激励。建设单位内部设置安全生产专项激励奖项,对表现优异的集体和个人进行奖励。同时,在施工合同中设置安全专项奖金,奖金发放与现场安全管理情况相关联,业主、监理单位检查时如发现施工单位未管控到位的问题,对照奖金扣除标准进行扣款,剩余奖金发放给施工单位,奖金发放需与扣款情况挂钩。

4. 应用成效

通过安全生产责任制的制定、传递、落实及考核,促进了安全责任体系、保障体系和监督体系有效运转,各级人员履职到位能力得到提升,"管业务必须管安全、管生产必须管安全""人人都是安全员"的安全理念深入人心,形成了安全生产齐抓共管的良好氛围,作业现场重复性问题及习惯性违章现象逐步减少。

5. 主要依据

本案例涉及的主要参考依据见表2.1.1-1。

表 2.1.1-1　安全生产责任制实践探索主要依据

依　　据	内　　容
《中华人民共和国安全生产法》（中华人民共和国主席令第88号）第三条	安全生产工作实行管行业必须管安全、管业务必须管安全、管生产经营必须管安全,强化和落实生产经营单位主体责任与政府监管责任,建立生产经营单位负责、职工参与、政府监管、行业自律和社会监督的机制
《电力建设工程施工安全监督管理办法》（中华人民共和国国家发展和改革委员会令第28号）第四条	电力建设单位、勘察设计单位、施工单位、监理单位及其他与电力建设工程施工安全有关的单位,必须遵守安全生产法律法规和标准规范,建立健全安全生产保证体系和监督体系,建立安全生产责任制和安全生产规章制度,保证电力建设工程施工安全,依法承担安全生产责任
《电力建设工程施工安全管理导则》（NB/T 10096—2018）7.1	建设工程应按照"党政同责、一岗双责、齐抓共管、失职追责"、"管生产必须管安全"和"管业务必须管安全"的原则,建立健全以各级主要负责人为安全第一责任人的安全生产责任制,全面落实企业安全生产主体责任
《电力建设工程施工安全管理导则》（NB/T 10096—2018）9.1.1	建设单位应结合工程实际,制订工程安全生产目标和年度安全生产目标。勘察设计、施工、监理单位应有效分解建设单位制订的工程安全生产目标和年度安全生产目标
《电力建设工程施工安全管理导则》（NB/T 10096—2018）9.3.1	参建单位应定期组织对安全生产目标完成情况进行监督、检查与纠偏并保存有关记录

2.1.2　安全生产双重预防机制

双重预防机制建设针对安全生产领域"认不清、想不到"的突出问题，强调安全生产的关口前移，从隐患排查治理前移到安全风险管控。通过建立双重预防机制，可强化风险意识，分析事故发生的全链条，抓住关键环节采取预防措施，防范安全风险变成事故隐患、隐患未及时被发现和治理演变成事故。

1．主要风险

电站建设工序繁多，参与项目建设的承包商在风险辨识和隐患排查治理方面能力参差不齐，主要存在以下风险：

（1）设计不合理或深度不够，导致结构不安全或增加施工难度，使安全管理存在不确定性。

（2）不同参建单位风险评估的标准与方法不统一，评估人员水平参差不齐，识别的风险数据不全面、风险管控措施针对性和可操作性不强，风险管控效率降低，可能使风险转变为隐患，增大事故发生的概率。

（3）风险辨识与施工计划不同步，个别作业任务存在的风险未能有效识别，导致风险处于无人管理的状态。

（4）项目建设过程中，隐患如果始终得不到消除，多项隐患叠加后，将加大事故发生的概率，影响安全管理秩序。

2．管控措施

针对上述风险，主要管控措施如下：

（1）开展风险辨识。建设单位组织项目承包商对照抽水蓄能电站项目划分，识别项目建设全过程涉及的单位工程、分部分项工程和施工工序，对照每一道施工工序识别潜在的风险、基于成功的管理经验制定风险管控措施，将其整合后形成电站建设施工作业风险数据库，用于指导设计文件审查、施工方案编制、安全技术交底、日常风险管控等工作。

（2）作业计划管理。针对风险辨识和作业任务不匹配的问题，将风险辨识和作业计划统一编制，每项作业计划均明确存在的风险、管控措施及责任人。同时，每月召开月度施工作业计划平衡会对施工作业的饱和度（即施工作业任务数量和资源投入的匹配度）进行评估、调整，避免"超能力、超范围、超强度"组织作业。

（3）隐患排查治理。建设单位运用信息化手段将作业计划中的风险管控措施定期按照各岗位的履职到位要求推送至风险管控负责人，在规定期限内开展现场风险监督检查并如实填写检查情况，相关问题自动推送至责任单位进行整改。

3．实践探索

建设单位对作业风险管控机制进行了梳理、分析和总结，使各级人员熟悉作业风险管控流程及节点要求，规范化、模式化作业风险评估及施工作业计划编制，进一步提升作业风险管控成效。具体实践探索情况如下：

（1）建设单位组织编制《电站建设施工安全基准风险数据库》（以下简称风险数据库），用于指导施工作业计划（年度、月度、周作业计划）的编制、风险评估与管控措施填报等工作。

1）风险数据库。风险数据库（见表2.1.2-1）对电站建设过程涉及的单位工程、分部、分项工程及施工工序进行全面梳理，其主要内容包括工序、任务等级、风险描述、风险类型、风险控制措施等。

表 2.1.2-1　风 险 数 据 库

序号	单位工程	分部工程	分项工程	工序	风险描述	风险类型	专项控制措施	通用控制措施	风险等级
1	下水库工程	碾压混凝土重力坝	坝基及坝肩石方开挖	钻孔	临边作业人员，距离临边安全距离不够，不慎滑倒或踩空坠落	人身风险	作业人员正确佩戴安全防护用品（安全带、安全绳、防坠器等），并且保证吊点牢固	1.编报审核完成施工方案并进行交底。2.完成人员、设备报审，相关资质满足要求。3.做好作业人员进场安全教育培训，每日开展班前会，做好三交三查工作。4.管理人员督查现场严格按方案组织施工和作业人员正确佩戴个人防护用品	低
2	下水库工程	碾压混凝土重力坝	坝基及坝肩石方开挖		钻机未固定牢固，钻孔过程中脱落伤人	人身风险	开钻前，固定钻机设备，使其稳固		
3	下水库工程	碾压混凝土重力坝	坝基及坝肩石方开挖		施工过程中产生的粉尘，人员未正确佩戴防尘口罩，至尘肺伤害	职业健康风险	作业人员正确佩戴口罩		
4	下水库工程	碾压混凝土重力坝	坝基及坝肩石方开挖		钻孔人员未佩戴耳塞，造成听力损伤	职业健康风险	作业人员正确佩戴耳塞		
5	下水库工程	碾压混凝土重力坝	坝基及坝肩石方开挖	爆破	炸药雷管混运、雷管与炸药同时装卸，或炸药运输车辆无防静电措施，导致炸药爆炸	人身风险	运输过程中使用专用雷管箱放置雷管，且使用防静电措施完好的专用车辆	1.编报审核完成施工方案并进行交底。2.完成人员、设备报审，相关资质满足要求。3.做好作业人员进场安全教育培训，每日开展班前会，做好三交三查工作。4.现场管理人员和专职安全管理人员到位旁站督查现场严格按方案组织施工和作业人员正确佩戴个人防护用品，排查整改安全隐患	高
6	下水库工程	碾压混凝土重力坝	坝基及坝肩石方开挖		未按照要求配置押运员、未及时清点爆破品数量，车厢封闭不严，导致民爆用品丢失	人身风险	爆破员、安全员、押运员持证上岗，配置押运员并及时清点爆炸品数量，配置专用运输车		
7	下水库工程	碾压混凝土重力坝	坝基及坝肩石方开挖		装药警戒不到位、携带易燃易爆物品导致爆破	人身风险	装药前，组织人员把装药范围内无关人员及设备全部清理出场，并设置警戒点，专人值守，设置收纳箱，将手机、带有静电的设备和火种放入		
8	下水库工程	碾压混凝土重力坝	坝基及坝肩石方开挖		起爆前，未有效设立警戒区域，未将警戒范围内人员及设备清理出场、起爆前未按规拉响警报，人员意外闯入爆破区域，导致发生事故	人身风险	装药完成后，对爆破区域范围内的所有人员及设备进行清场，同时拉设警戒，专人值守，待各警戒点人员确认清场完成后，由爆破单位、爆破监理、施工单位及工程监理联合签署准爆证，方可完成起爆		
9	下水库工程	碾压混凝土重力坝	坝基及坝肩石方开挖		临边装药作业人员，距离临边安全距离不够，不慎滑倒或踩空坠落	人身风险	临边设置警戒措施，作业人员正确佩戴安全带		

2）施工作业计划管理。建设单位组织项目承包商参照风险数据库，将施工作业计划、风险辨识纳入统一管理，所有作业任务必须纳入施工作业计划方可开工。通过制定年度、月度、周施工作业计划（见表2.1.2-2），平衡分解施工作业任务，合理调配资源，管控施工作业节奏。同时利用信息化手段，将施工作业计划上线，强化计划透明管理（见图2.1.2-1）。

表 2.1.2-2　月度施工作业计划

工序	任务等级	风险描述	施工人数	可能导致事故后果	专项控制措施	通用控制措施
爆破	高	1.未按照要求配置押运员、未及时清点爆炸品数量，导致爆炸品丢失。 2.装药照明电压超过36V电压，导致炸药爆炸。 3.进洞深度超过50m以后，洞内空气流通较差，缺氧或其他有害气体造成作业人员中毒或窒息。 4.起爆前，未有效设立警戒区域，未将警戒范围内人员及设备清理出场、起爆前未按规拉响警报，人员意外闯入爆破区域，导致发生事故。 5.装药警戒不到位、携带易燃易爆物品导致爆破。 6.临边装药作业人员，距离临边安全距离不够，不慎滑倒或踩空坠落。 7.炸药雷管混运、雷管与炸药同时装卸，或炸药运输车辆无防静电措施，导致炸药爆炸	4	1~4人重伤或死亡	1.爆破员、技术员、安全员、押运员持证上岗，配置押运员并及时清点爆炸品数量。 2.装药照明电压统一采用36V及以下。 3.编制有限空间作业工作制度和应急预案，并开展培训。 4.对全体有限空间作业相关人员开展安全交底，组织开展应急演练。 5.严格执行"先通风、再检测、后作业"的要求，保障施工期间洞室持续通风，每班作业前对作业面开展氧气含量和有毒气体检测，登记造册。 6.进出洞室需严格进行登记，专人值守。 7.在洞室入口配备正压式呼吸机、担架、急救药品等应急物资。 8.装药完成后，对爆破区域范围内的所有人员及设备进行清场，同时拉设警戒，专人值守，待各警戒点人员确认清场完成后，由相关责任人联合签署准爆证，方可完成起爆。 9.装药前，组织人员把装药范围内无关人员及设备全部清理出场，并设置警戒点，专人值守，设置收纳箱，将手机、带有静电的设备和火种放入。 10.临边设置警戒措施，作业人员正确佩戴安全带。 11.运输过程中使用专用雷管箱放置雷管，且使用防静电措施完好的专用车辆	1.编报施工方案、作业指导书等文件，并经审核完成。 2.完成人员、设备报审，相关资质满足要求，设备粘贴好相应标识标牌和操作规程。 3.做好作业人员安全、技术交底及日常的站班会。 4.检查工作人员安全帽、安全带佩戴是否正确，不满足要求督促改正。 5.现场管理人员和专职安全管理人员到位旁站

（2）建设单位编制《电站建设施工安全基准风险使用指引》，指导承包商对"人、物、环、管"等方面的主要影响因素进行危害分析和评估，系统、科学地评定作业任务等级和作业风险级别，制定有针对性、可操作性的风险管控措施。

（3）风险监督检查。建设单位制定作业风险分级管控策略，明确承包商各级管理人员风险监督检查的频次要求。通过信息平台自动按周期推送《风险监督表》，风险管控负责人按照规定周期填报、及时暴露现场管理情况和存在的问题。审核审批环节自动流转、监督检查任务定期自动推送，实现穿透式作业风险管控。

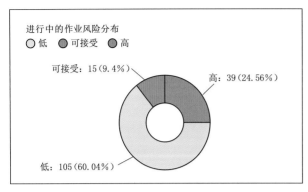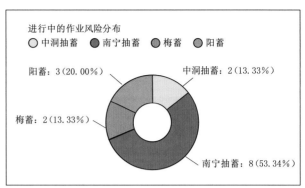

图 2.1.2-1　施工作业计划可视化图表

4. 应用成效

通过风险数据管理、施工作业计划管理、风险监督检查等实践探索，有效运转安全生产双重预防机制，进一步提高了安全风险辨识的全面性和隐患排查治理的效力，实现安全风险可控在控。

5. 主要依据

本案例涉及的主要参考依据见表2.1.2-3。

表 2.1.2-3　安全生产双重预防机制实践探索主要依据

依　据	内　容
《中华人民共和国安全生产法》（中华人民共和国主席令第88号）第四条	生产经营单位必须遵守本法和其他有关安全生产的法律、法规，加强安全生产管理，建立健全全员安全生产责任制和安全生产规章制度，加大对安全生产资金、物资、技术、人员的投入保障力度，改善安全生产条件，加强安全生产标准化、信息化建设，构建安全风险分级管控和隐患排查治理双重预防机制，健全风险防范化解机制，提高安全生产水平，确保安全生产
《电力建设工程施工安全管理导则》（NB/T 10096—2018）16.2.2.2	施工单位应对本工程的重大危险源进行登记建档，并将属于申报范围的重大危险源报建设单位和监理单位，由建设单位统一上报所在地县级以上人民政府安全生产监督管理部门备案。实行工程总承包的，由工程总承包单位统计上报
《电力建设工程施工安全管理导则》（NB/T 10096—2018）16.2.2.8	存在重大危险源的单位应在重大危险源现场设置明显的安全警示标志，并应设立重大危险源告知牌，将重大危险源可能发生事故时的危害后果、应急措施等信息告知周边单位和人员
《电力建设工程施工安全管理导则》（NB/T 10096—2018）16.2.3.1	建设单位应当组织各参建单位落实风险管控措施，对重点区域、重要部位的地质灾害进行评估检查，对施工营地选址布置方案进行风险评估，组织施工、监理单位共同研究制订项目重大风险管理制度，明确重大风险辨识、评价和控制的职责、方法、范围、流程等要求
《电力建设工程施工安全管理导则》（NB/T 10096—2018）16.2.3.3	安全风险等级从高到低划分为重大风险、较大风险、一般风险和低风险，分别用红、橙、黄、蓝四种颜色标示。其中，重大安全风险应填写清单，汇总造册

续表

依　据	内　容
《水利水电工程施工危险源辨识与风险评价导则（试行）》（办监督函〔2018〕1693号）1.7	开工前，项目法人应组织其他参建单位研究制定危险源辨识与风险管理制度，明确监理、施工、设计等单位的职责、辨识范围、流程、方法等；施工单位应按要求组织开展本标段危险源辨识及风险等级评价工作，并将成果及时报送项目法人和监理单位；项目法人应开展本工程危险源辨识和风险等级评价，编制危险源辨识与风险评价报告。 危险源辨识与风险评价报告应经本单位安全生产管理部门负责人和主要负责人签字确认，必要时组织专家进行审查后确认
《水利水电工程施工危险源辨识与风险评价导则（试行）》（办监督函〔2018〕1693号）1.8	施工期，各单位应对危险源实施动态管理，及时掌握危险源及风险状态和变化趋势，实时更新危险源及风险等级，并根据危险源及风险状态制定针对性防控措施

2.1.3　安全生产管理机构

项目安全生产管理机构负责项目安全管理的组织、协调、监督和考核。成立安全生产管理机构，建立联防联控机制，为项目安全管理提供组织保障。

1. 主要风险

电站建设项目安全生产管理机构设置及管理不到位，主要存在以下风险：

（1）项目未按要求成立安全生产管理机构，将导致项目安全管理总体协调功能缺失，存在安全生产重大决策和有关政策规定难以及时部署、传达和执行到位的风险。

（2）安全生产管理机构未有效运转或运转不顺畅，将影响安全生产工作的组织、协调、监督、考核及决策，存在安全管理混乱的风险。

（3）安全管理人员配置不到位，存在现场安全监督职责缺位的风险。

2. 管控措施

针对上述风险，主要管控措施如下：

（1）成立安全管理组织机构，包括项目安全生产委员会（以下简称安委会）、应急指挥中心、安全监察组及各类安全专项工作组。

（2）制定安全管理组织机构运转机制，明确其职责，包括组织制定安全生产规章制度、研究决定安全生产年度计划和重大事项、定期组织召开安全生产会议等。

（3）按国家法律法规和合同要求，合理配置专（兼）职安全生产管理人员。

3. 实践探索

各参建单位建立健全安全生产管理机构，合理人力资源配置，具体实践探索情况如下：

（1）建立健全安全生产管理机构。建设单位组织成立项目安委会，项目安委会主任由建

15

设单位主要负责人担任，安委会成员由项目监理总监、设计现场负责人和施工单位项目经理组成。安委会下设安委会办公室，安委办成员主要由各参建单位专职安全管理人员组成。

应急指挥中心主要实践情况详见2.1.4应急管理。

监理单位组织成立安全监察组，组长由监理单位安全总监担任，成员主要由各参建单位专职安全管理人员组成。

按照项目特点成立专项安全工作组，成员主要由各参建单位相关专业技术人员组成。

（2）通过《安全管理机构与人员配置管理业务指导书》对安全管理组织机构运转机制和职责进行了明确。

（3）各承包商按照合同约定在开工前配备专（兼）职安全管理人员，履行人员进场报审手续。开工后，每季度结合安全综合检查，对各承包商安全管理人员配置情况和安全生产管理机构运转情况进行检查。

4. 应用成效

通过建立健全安全生产管理机构、合理配备安全管理人员，形成了立体的安全监督网络，高效开展项目安全管理工作，使项目的安全管理工作得到了有效组织保障。

5. 主要依据

本案例涉及的主要参考依据见表2.1.3-1。

表 2.1.3-1　安全管理机构实践探索主要依据

依　据	内　容
《中华人民共和国安全生产法》（中华人民共和国主席令第88号）第二十四条	矿山、金属冶炼、建筑施工、运输单位和危险物品的生产、经营、储存、装卸单位，应当设置安全生产管理机构或者配备专职安全生产管理人员。 前款规定以外的其他生产经营单位，从业人员超过一百人的，应当设置安全生产管理机构或者配备专职安全生产管理人员；从业人员在一百人以下的，应当配备专职或者兼职的安全生产管理人员
《电力建设工程施工安全监督管理办法》（中华人民共和国国家发展和改革委员会令第28号）第二十一条	施工单位应当按照国家法律法规和标准规范组织施工，对其施工现场的安全生产负责。应当设立安全生产管理机构，按规定配备专（兼）职安全生产管理人员，制定安全管理制度和操作规程
《电力建设工程施工安全管理导则》（NB/T 10096—2018）5.2.11	在项目开工前，应进行安全生产标准化总体规划，成立组织机构，明确责任部门、责任人，确定安全生产标准化评级目标，并组织学习和培训。对照标准要素，结合日常安全大检查工作，组织开展标准化自查自评工作
《电力建设工程施工安全管理导则》（NB/T 10096—2018）6.1.1	参建单位应根据本企业及建设工程项目实际情况，成立安委会或成立安全生产领导小组，要求如下： 1.电力建设工程施工安全，实行建设单位统一协调、管理，勘察设计、施工、监理单位在各自工作范围内履行安全生产职责。电力建设工程实行工程总承包的，工程总承包单位应按照合同约定，履行建设单位对工程施工安全的组织与协调工作。

续表

依　据	内　容
《电力建设工程施工安全管理导则》（NB/T 10096—2018）6.1.1	2.建设工程项目有三个及以上施工单位；建设工地施工人员总数超过100人；建设工期超过180天，建设单位必须组建安委会，作为安全生产工作的领导机构，其余情况应成立安全生产领导小组。其他参建单位宜成立安委会或安全生产领导小组
《电力建设工程施工安全管理导则》（NB/T 10096—2018）6.3.3	参建单位安全生产监督管理机构的设置与人员配备原则： 1.管理范围内从业人员50人以上的参建单位必须设置安全生产监督管理机构（以下简称安监部门），并按比例配备专职安全管理人员，且不得少于2名。 2.施工单位的专业工地（队、车间）必须设专职安全员，班组应设兼职安全员。分包单位与施工单位的专业工地（队、车间）等同管理。 3.专职安全管理人员必须具备三年以上的施工现场经历，具有较高的业务管理素质和相应任职资格。鼓励专职安全人员取得注册安全工程师证书

2.1.4　应急管理

应急工作实行"预防为主，预防与应急相结合"的原则，包括为应对突发事件而采取的预先防范措施、事发时采取的应对行动、事发后采取的各种善后及减少损害的措施，涵盖突发事件发生的前、中、后全过程，着力于预防和减少突发事件发生，控制、减轻和消除突发事件影响。

1.主要风险

应急管理的风险主要存在于应急信息传递、应急指挥和应急处置过程中，具体如下：

（1）应急组织机构未建立或应急职责不清晰，导致应急指挥混乱。

（2）应急预案针对性、实用性不强，影响应急处置的效果。

（3）应急联系方式更新不及时，造成突发状况下无法及时报告信息、应急信息报告滞后。

（4）应急物资配置或日常维护保养不到位，导致可支配的物资不满足要求。

（5）应急救援人员技能掌握不到位，可能发生处置不当造成事态扩大。

2.管控措施

针对上述风险，主要管控措施如下：

（1）建设单位组织承包商成立应急管理机构。

（2）建设单位组织承包商开展风险辨识，基于辨识出的风险建立应急预案体系，明确应急预警与响应程序、应急信息报告流程，指导各参建单位实施应急预警和响应工作。

（3）建设单位组织承包商明确应急联系人员和联系方式，将其张贴在各参建单位的显著位置，便于突发状况下及时联络。

（4）编制应急物资清单，由建设单位协同项目参建单位配置到位。在建设单位统筹下，各参建单位指定专人负责应急物资管理。

（5）建设单位组织承包商成立应急救援队伍，并联络项目所在地的消防、公安、医院等机构建立应急联动机制。

（6）建设单位组织承包商基于当年面临的主要风险编制应急演练计划，每年至少组织一次综合应急预案演练及专项应急预案演练，每半年至少组织一次现场处置方案演练，应急演练后进行总结和评估，根据评估结论和演练发现的问题制定提升措施。

3. 实践探索

建设单位协同承包商统筹开展应急管理工作，具体实践探索情况如下：

（1）建设单位组织承包商成立项目应急指挥中心，负责对项目突发事件进行指挥决策，业主项目部经理担任总指挥、承包商现场负责人担任成员。应急指挥中心下设办公室，作为应急指挥中心日常办事机构。

（2）基于风险辨识结果制定综合应急预案、专项应急预案和现场处置方案，制定防范和控制突发事件的措施。其中，综合应急预案中制定突发事件分类分级、应急预警流程和应急响应流程，指导各专项应急预案的预警和响应。各专项应急预案在综合应急预案制定的规则基础上制定，用于指导特定突发事件的预警和响应工作，现场处置方案用于指导单一场景下的突发事件处置。

（3）建设单位统筹开展应急物资管理，建立应急物资管理台账（见表2.1.4-1），登记应急物资的数量、完好状况、检查周期、管理部门和负责人，定期进行检查、维护和保养，确保在突发状况下性能良好、数量充足。

表 2.1.4-1　应急装备配置推荐目录

序号	分　类			单位	高配	低配
	大类	中类	小　类			
1	应急电源、照明类	电源类	5～200kW 发电机	台	4	2
2		照明类	4.5m 泛光灯（自带发电机）	台	2	1
3			充电照明灯	台	5	2
4			防爆手提探照灯	台	8	5
5	应急通信类	卫星通信类	便携式卫星站（信通公司统配）	台	1	1
6			海事卫星电话/依星电话	台	4	2
7			北斗卫星短报文终端	台	2	1

序号	分类			单位	高配	低配
	大类	中类	小类			
8	应急通信类	公网通信类	数字集群通信终端	台	15	8
9			单兵视频采集终端（信通公司统配）	套	4	2
10			内网移动办公电脑/平板	台	2	1
11		辅助通信类	无人机	台	3	1
12			语音通信融合器	套	1	0
13			光纤通信设备	套	1	0
14	运输车辆类	人员运输类	轻型客车	辆	1	1
15			越野车	辆	2	1
16		物资转运类	皮卡车	辆	2	1
17		车辆保障类	汽车防滑链（仅存在霜冻天气的项目配置）	套	6	4
18			15m封车绳	根	20	20
19			车辆应急工具箱	套	10	5

（4）建设单位定期组织承包商开展急救员取证培训，日常工作时组织承包商人员开展应急技能培训，提升全员的应急处置能力。

（5）各参建单位基于每年面临的主要风险，制定年度应急演练计划，开展实操或桌面应急演练，演练后对演练过程进行总结评价，制定针对性的改进措施（见图2.1.4-1）。

图 2.1.4-1　综合应急演练

（6）建立应急信息报送管理机制，明确应急信息报送的流程、范围及内容。

4.应用成效

通过建立健全应急组织体系，完善应急预案体系，整合应急资源等多方面举措，各参建单位坚持预防与应急相结合，常态与非常态相结合，形成了灵敏、高效的应急管理体系且运转良好。

5.主要依据

本案例涉及的主要参考依据见表2.1.4-2。

表 2.1.4-2　应急管理实践探索主要依据

依　据	内　容
《中华人民共和国安全生产法》（中华人民共和国主席令第88号）第八十一条	生产经营单位应当制定本单位生产安全事故应急救援预案，与所在地县级以上地方人民政府组织制定的生产安全事故应急救援预案相衔接，并定期组织演练
《中华人民共和国安全生产法》（中华人民共和国主席令第88号）第八十二条	危险物品的生产、经营、储存单位以及矿山、金属冶炼、城市轨道交通运营、建筑施工单位应当建立应急救援组织；生产经营规模较小的，可以不建立应急救援组织，但应当指定兼职的应急救援人员。危险物品的生产、经营、储存、运输单位以及矿山、金属冶炼、城市轨道交通运营、建筑施工单位应当配备必要的应急救援器材、设备和物资，并进行经常性维护、保养，保证正常运转
《中华人民共和国安全生产法》（中华人民共和国主席令第88号）第八十三条	生产经营单位发生生产安全事故后，事故现场有关人员应当立即报告本单位负责人。 单位负责人接到事故报告后，应当迅速采取有效措施，组织抢救，防止事故扩大，减少人员伤亡和财产损失，并按照国家有关规定立即如实报告当地负有安全生产监督管理职责的部门，不得隐瞒不报、谎报或者迟报，不得故意破坏事故现场、毁灭有关证据
《中华人民共和国突发事件应对法》（中华人民共和国主席令第69号）第二十四条	有关单位应当定期检测、维护其报警装置和应急救援设备、设施，使其处于良好状态，确保正常使用
《中华人民共和国突发事件应对法》（中华人民共和国主席令第69号）第三十九条	有关单位和人员报送、报告突发事件信息，应当做到及时、客观、真实，不得迟报、谎报、瞒报、漏报
《生产经营单位生产安全事故应急预案编制导则》（GB/T 29639—2020）4.6.1	应急预案编制应当遵循以人为本、依法依规、符合实际、注重实效的原则，以应急处置为核心，体现自救互救和先期处置的特点，做到职责明确、程序规范、措施科学，尽可能简明化、图表化、流程化
《生产经营单位生产安全事故应急预案编制导则》（GB/T 29639—2020）5.1	生产经营单位应急预案分为综合应急预案、专项应急预案和现场处置方案。生产经营单位应当根据有关法律、法规和相关标准，结合本单位组织管理体系、生产规模和可能发生的事故特点，科学合理确立本单位的应急预案体系，并注意与其他类别应急预案相衔接
《生产经营单位生产安全事故应急预案编制导则》（GB/T 29639—2020）7.2	明确应急组织形式（可用图示）及构成单位（部门）的应急处置职责。应急组织机构以及各成员单位或人员的具体职责。应急组织机构可以设置相应的应急工作小组，各小组具体构成、职责分工及行动任务建议以工作方案的形式作为附件

2.1.5　安全管理数字化建设

随着我国进入数字时代，电站建设领域对数字化管理的需求也在快速增加，探索运用数字化工具开展电站建设安全管理具有深远意义。尤其在多项目建设过程中，合理运用大数据进行管理可以大幅提高项目安全管理效率，有利于项目管理人员动态掌控安全管理发展趋势和存在的主要问题。

1. 主要风险

在电站大规模集中建设的背景下，建设单位面临由单项目管理向多项目管理的转变，信息收集、整合以及统计分析难度增大，管理效力减弱，主要存在以下安全风险：

（1）传统管理模式下，人员、设备、材料、方案等报审流程均通过纸质材料进行，信息分享手段有限，各项安全管理信息只能在有限范围内传递，在项目管理人员数量相对较少的情况下，劳动生产力不满足项目建设需要，存在因信息传递不及时导致安全指令传达不到位的风险。

（2）多项目管理模式下，一个工作人员需要在远程掌控多个项目的数据，对数据进行对比分析，查找管理上的共性问题、薄弱环节、问题发展趋势和存在的深层次问题，如未使用数字化平台，信息将难以高效获取，影响安全管理机制有效运转。

2. 管控措施

针对上述风险，主要管控措施如下：

（1）以安全管理主要业务为原型进行顶层设计，组建专业团队，从需求分析、设计、开发、测试、维护全周期介入，梳理业务纵向管理流程，业务横向关联，将流程固化到信息系统，可通过多终端进行访问和操作。

（2）通过数字化平台自动统计分析潜在的问题和发展趋势，为项目管理人员高效开展安全管理工作提供数据支撑。

3. 实践探索

建设单位以安全业务为原型，开发了"人员、机械设备、施工方案、分包"等信息化管理模块，实现了数据的自动统计分析，大幅提升项目安全管理效率。具体实践探索情况如下：

（1）总体布局。建设单位组织承包商梳理安全管理业务模块，搭设安全管理数字化业务架构（见图2.1.5-1），为信息系统开发提供方向指引。

（2）安全检查。开发安全检查模块（见图2.1.5-2），检查人员在安全检查模块中录入存在的问题、整改要求、责任单位、责任人员和整改时限，系统将自动跟踪每一项问题的整改闭环情况。

（3）人员管理。人员管理模块（见图2.1.5-3）包含人员的准入、安全教育培训、人员资质、违章扣分、违章处罚、黑名单、白名单，通过人员管理模块可实现整个项目人员的“实名制”管理，通过违章管理模块可实现人员的动态管理。

（4）施工机械具管理。施工机械具管理模块（见图2.1.5-4）包括自制设备、特种设备、施工车辆、小型工器具等信息，施工单位在施工机械具进场前通过信息化流程履行报审手续，监理单位审批通过后系统自动生成施工机械具数据库，施工单位可运用该系统进行设备的进场、退场管理以及日常维护保养等工作。

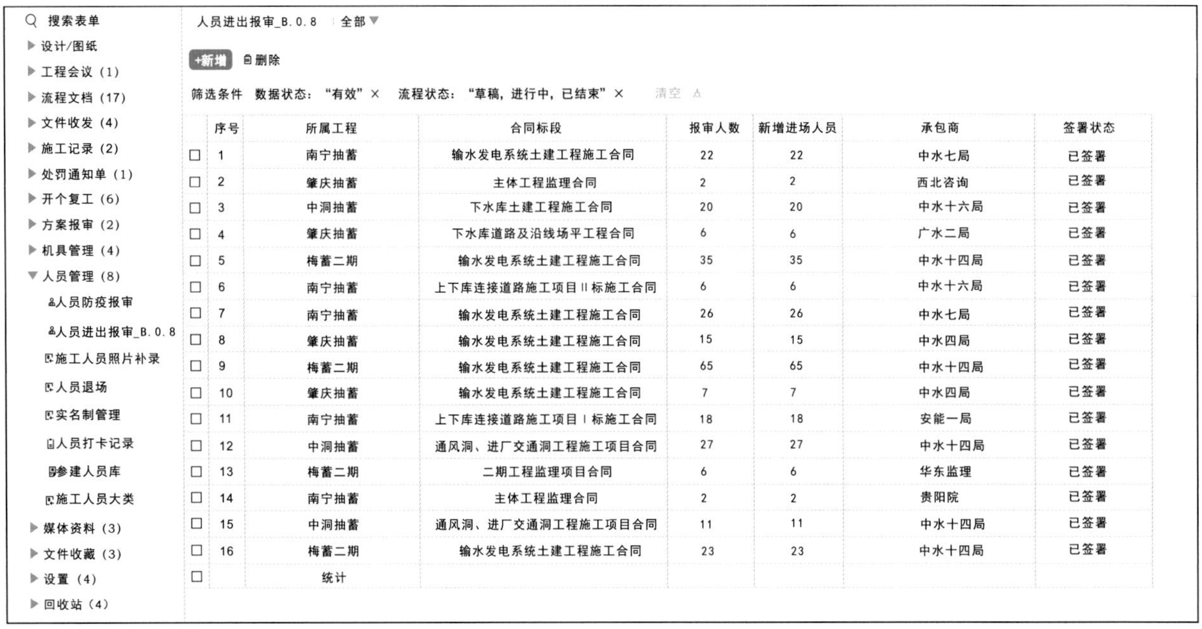

（5）施工方案报审。开发施工方案报审模块，可实现施工方案的线上审批流程，管理人员可随时查看方案报审状态，抽查是否存在报审不及时和不按方案施工的情况。

检查 已结束

详情　问题整改（13）　纠正与预防（0）

输出整改　【问题整改】；

描述问题整改不指定责任人时，请一定要明确责任单位所在项目部，届时生成问题整改时将会有责任单位所在项目部负责人指定整改责任人
录入数据条目较多时，建议先将数据录入后暂存，然后在统一上传图片，最后提交

需纳入【问题整改】的问题列表 ∧

选择筛选字段

序号	问题	问题部位	问题等级
1	路边废料模板未及时清理	二标K3＋143钢筋混凝土盖板涵右侧路边	非隐患
2	路边废料模板未及时清理	二标K3＋380右侧路边	非隐患
3	路边废料模板未及时清理	二标K3＋415左侧路边	非隐患
4	路边废料模板未及时清理	二标K3＋745左右侧路边	非隐患

图 2.1.5-2　检查界面

搜索表单
设计/图纸
工程会议（1）
流程文档（17）
文件收发（4）
施工记录（2）
处罚通知单（1）
开个复工（6）
方案报审（2）
机具管理（4）
人员管理（8）
人员防疫报审
人员进出报审_B.0.8
施工人员照片补录
人员退场
实名制管理
人员打卡记录
参建人员库
施工人员大类
媒体资料（3）
文件收藏（3）
设置（4）
回收站（4）

人员进出报审_B.0.8　全部

+新增　删除

筛选条件　数据状态：“有效”×　流程状态：“草稿，进行中，已结束”×　清空

序号	所属工程	合同标段	报审人数	新增进场人员	承包商	签署状态
1	南宁抽蓄	输水发电系统土建工程施工合同	22	22	中水七局	已签署
2	肇庆抽蓄	主体工程监理合同	2	2	西北咨询	已签署
3	中洞抽蓄	下水库土建工程施工合同	20	20	中水十六局	已签署
4	肇庆抽蓄	下水库道路及沿线场平工程合同	6	6	广水二局	已签署
5	梅蓄二期	输水发电系统土建工程施工合同	35	35	中水十四局	已签署
6	南宁抽蓄	上下库连接道路施工项目Ⅱ标施工合同	6	6	中水十六局	已签署
7	南宁抽蓄	输水发电系统土建工程施工合同	26	26	中水七局	已签署
8	肇庆抽蓄	输水发电系统土建工程施工合同	15	15	中水四局	已签署
9	梅蓄二期	输水发电系统土建工程施工合同	65	65	中水十四局	已签署
10	肇庆抽蓄	输水发电系统土建工程施工合同	7	7	中水四局	已签署
11	南宁抽蓄	上下库连接道路施工项目Ⅰ标施工合同	18	18	安能一局	已签署
12	中洞抽蓄	通风洞、进厂交通洞工程施工项目合同	27	27	中水十四局	已签署
13	梅蓄二期	二期工程监理项目合同	6	6	华东监理	已签署
14	南宁抽蓄	主体工程监理合同	2	2	贵阳院	已签署
15	中洞抽蓄	通风洞、进厂交通洞工程施工项目合同	11	11	中水十四局	已签署
16	梅蓄二期	输水发电系统土建工程施工合同	23	23	中水十四局	已签署
	统计					

图 2.1.5-3　人员报审界面

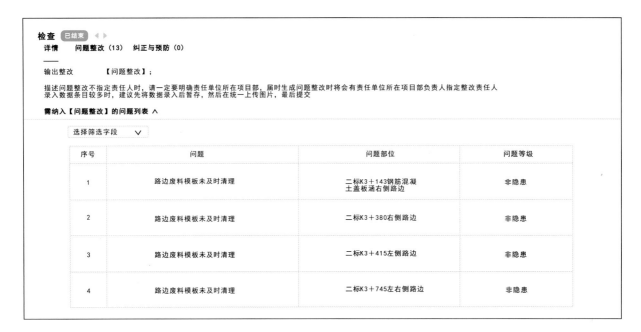

图 2.1.5-4　施工机械具报审界面

（6）施工作业票。施工单位运用数字化平台，在作业前开具施工作业票（见图 2.1.5-5），施工作业票与作业计划相关联，施工作业票主要内容包括现场施工作业任务、主要风险和风险管控措施，保障施工作业票的针对性和有效性。

图 2.1.5-5　施工作业票界面

（7）站班会。开发站班会App，施工单位每班工作前运用App拍摄并通过人脸识别进行打卡，全过程摄像记录每天站班会的"三交、三查"工作，保障站班会的有效性。

4.应用成效

安全数字化系统投入使用后，实现了数据的互通共享，打破了以往存在的信息孤岛和大数据不足的问题，管理人员可运用数据进行对比分析，查找承包商安全履职是否到位、是否存在违规行为，可一键生成固定周期内的数据对比分析图表，为管理决策提供了数据支撑，大大提高了管理效率，同时也实现了安全管理数据的可追溯。

5.主要依据

本案例涉及的主要参考依据见表2.1.5-1。

表2.1.5-1 安全管理数字化建设实践探索主要依据

依 据	内 容
《国务院办公厅关于促进建筑业持续健康发展的意见》（国办发〔2017〕19号）四、（六）	全面落实安全生产责任，加强施工现场安全防护，特别要强化对深基坑、高支模、起重机械等危险性较大的分部分项工程的管理，以及对不良地质地区重大工程项目的风险评估或论证。推进信息技术与安全生产深度融合，加快建设建筑施工安全监管信息系统，通过信息化手段加强安全生产管理。建立健全全覆盖、多层次、经常性的安全生产培训制度，提升从业人员安全素质以及各方主体的本质安全水平

2.1.6 工期安全管理

电站建设中应统筹安全与工期的和谐共进，工期设置不合理、违规压缩工期等，易造成安全事故。在保障安全的前提下，合理安排工期，有助于项目安全有序推进。

1.主要风险

电站建设工序多、周期长，工期安排不合理，主要存在以下风险：

（1）建设过程中违规压缩工期，无法保障正常的施工程序，导致发生交叉作业时，客观上无法做到可靠的安全防护，或安全措施投入无法满足"三同时"的要求，存在发生生产安全事故的风险。

（2）盲目抢工期，资源投入与项目进度计划不匹配，易导致管理缺位，发生隐患排查不及时、违规减少必要的施工程序等问题，存在因隐患升级或结构实体质量不达标，引发生产安全事故的风险。

2.管控措施

针对上述风险，主要管控措施如下：

（1）承包商按照合同约定的工期和要求，合理安排施工计划，在施工资源、安全技术措施投入到位的情况下，保障工程安全和质量，有序推进项目建设。

（2）各参建单位不得随意压缩工期，在工期需要进行优化调整时，组织专家、各参建单位对工期进度安排和相关保证措施进行合规性和可行性论证。

3. 实践探索

为有效降低上述风险，建设单位严格按照合同工期组织项目建设，对确需优化工期的项目进行可行性论证，具体实践探索情况如下：

（1）工程项目发包前，依据工期定额计算确定发包工程的定额工期。工期定额缺项或不适用的，组织专家论证，确定合理工期。在合同文件中明确工期要求，进度计划经承包商充分讨论、评审后实施，做好工程进度的过程管控，保障了项目工期与安全质量的协调性。

（2）项目在工期优化调整时，组织开展了工期优化调整论证工作（见图2.1.6-1），通过现场查勘、查阅资料、听取汇报等，从安全、质量、进度等方面进行了工期优化的可行性论证。

广东梅州抽水蓄能电站工程

工期计划及质量安全风险管控专家评审会意见

2020 年 12 月 14 日至 15 日，南方电网调峰调频发电有限公司工程建设管理分公司在梅蓄业主项目部办公楼 1 楼会议室组织召开了"广东梅州抽水蓄能电站工程工期计划及质量安全风险管控专家评审会"。评审专家查勘了现场，查阅了相关资料，并听取了各参建单位关于工期计划优化调整方案及质量安全保证措施的汇报，形成评审意见如下：

一、各优化方案和措施技术上可行，质量安全风险可控。优化方案和措施的落实，有利于实现调整后的工期计划目标。

二、各优化方案和措施实施过程中，按项目的质量安全管控体系要求，抓好从方案编制、审查、实施各阶段的过程管控，确保质量安全风险管控措施落地。

三、根据工期目标，细化专项进度计划，抓好资源投入工作，加强进场人员的安全培训工作，落实疫情管控措施。

四、竖井滑模滑升速度应根据确定的混凝土配合比试验数据进一步确认，抓好竖井提升设备的运行管理和维护工作。

五、严格按照已编制形成的安全风险评估数据库，结合后续现场施工作业安排，强化各项安全管控措施落实，确保后续施工安全。

图 2.1.6-1　工期评审会专家意见

（3）组织召开月度施工作业计划平衡会议，讨论评估施工作业合理性、资源投入充分性，杜绝超范围、超能力、超负荷作业。

（4）通过新工艺应用，提高施工效率，缩短施工时长。如引水竖井扩挖时使用小型挖机扒渣代替人工扒渣。

（5）根据现场作业任务安排，提前做好工序转换准备工作，合理配置施工资源，在保障安全的前提下高效转序。

4.应用成效

通过优化施工工艺、加强工序衔接、合理配置资源等措施，有效缩短了施工工期，在工期优化时开展了可行性论证，在保障安全质量的前提下，实现了项目提前投产。

5.主要依据

本案例涉及的主要参考依据见表2.1.6-1。

表 2.1.6-1　工期安全管理实践探索主要依据

依　　据	内　　容
《建设工程安全生产管理条例》（中华人民共和国国务院令第393号）第七条	建设单位不得对勘察、设计、施工、工程监理等单位提出不符合建设工程安全生产法律、法规和强制性标准规定的要求，不得压缩合同约定的工期
《建设工程质量管理条例》（中华人民共和国国务院令第279号）第十条	建设工程发包单位不得迫使承包方以低于成本的价格竞标，不得任意压缩合理工期。 建设单位不得明示或者暗示设计单位或者施工单位违反工程建设强制性标准，降低建设工程质量
《电力建设工程施工安全监督管理办法》（中华人民共和国发展和改革委员会令第28号）第十一条	建设单位应当执行定额工期，不得压缩合同约定的工期。如工期确需调整，应当对安全影响进行论证和评估。论证和评估应当提出相应的施工组织措施和安全保障措施

2.2　人员管理

人是生产过程中最核心、最活跃、最难控的要素，设备升级、技术迭代、管理提升和环境改善必须依靠人。通过持续提高人的安全意识、安全技能，不断规范人员作业行为，最终实现要安全、会安全、能安全的安全队伍。

2.2.1　人员准入管理

人员准入管理是对进场作业人员进行入场登记、施工队伍资质审查、入场安全教育的一种动态管理机制，能有效防止无资质、超龄、身体条件不满足要求或不具备作业技能的人员进场施工,实时把控进场人员的准确数据和动态,提高施工安全管理的效率。

1. 主要风险

电站建设施工环境复杂、参建人数多、作业人员技能水平参差不齐且流动性大,主要存在以下风险:

(1)现场施工队伍把关不严,施工资质不齐全,易导致现场管理混乱,施工质量不达标,存在生产安全事故的风险。

(2)人员准入管理机制不健全或运转不畅,可能导致发生人员未经许可、未经安全教育培训、未经职业健康体检或不具备相应资质进入施工作业现场等问题,存在因人员作业能力与岗位不匹配而引发安全生产事故的风险。

(3)进出地下洞室人员未进行实名制登记或信息不全,若发生突发事件,存在难以实时统计洞内人员情况,导致无法及时进行救援。

2. 管控措施

针对上述风险,主要管控措施如下:

(1)严格审核施工单位资质条件,遴选有资质、有业绩、有信誉的主包单位和分包队伍进场施工。

(2)建立健全人员准入实名制系统,严格执行实名制管理规定,所有人员进场前均需登记个人基本信息以及资质情况,经相关单位审批后方可入场。相关单位审查时重点核查特种作业人员资质、三级安全教育培训、进场安规考试及人员职业禁忌症等情况,建设单位及时进行抽查复核。

(3)在进出洞室位置设置道闸,实现车辆车牌信息自动识别;在洞室进出口设置显示屏,显示洞内人员信息。

3. 实践探索

为有效降低上述风险,提高电站建设人员准入管理规范性,具体实践探索情况如下:

作业人员完成本单位组织的二级安全教育培训及技术交底后,开展人员进场报审,由相关单位对人员资质进行审核;经审核通过后,由报审单位将人员录入到实名制管理系统中的人员进场报审模块(见图2.2.1-1),审批合格后方可信息入库。人员退场后,由施工单位办理人员退场手续,并在系统中及时更新人员退场信息。

作业人员入场报审通过后,由报审单位建立参建人员信息库,信息库内容包括人员当前所属工程、所属承包商、所在项目部、姓名、个人照片以及实际岗位(工种)信息等(见图2.2.1-2)。

在各施工作业面出入口设立道闸(见图2.2.1-3),人员和车辆录入信息后,通过人脸识别、车牌识别的方式进出。

4.应用成效

通过建立并推行人员实名制管理系统可动态监管项目建设施工现场人员情况，实现了人员精准管理，提高了安全管理效率，项目建设安全管理水平得到提升。

序号	所属工程	合同标段	报审人数	新增进场人员	承包商	签署状态
1	南宁抽蓄	输水发电系统土建工程施工合同	22	22	中水七局	已签署
2	肇庆抽蓄	主体工程监理合同	2	2	西北咨询	已签署
3	中洞抽蓄	下水库土建工程施工合同	20	20	中水十六局	已签署
4	肇庆抽蓄	下水库道路及沿线场平工程合同	6	6	广水二局	已签署
5	梅蓄二期	输水发电系统土建工程施工合同	35	35	中水十四局	已签署
6	南宁抽蓄	上下库连接道路施工项目Ⅱ标施工合同	6	6	中水十六局	已签署
7	南宁抽蓄	输水发电系统土建工程施工合同	26	26	中水七局	已签署
8	肇庆抽蓄	输水发电系统土建工程施工合同	15	15	中水四局	已签署
9	梅蓄二期	输水发电系统土建工程施工合同	65	65	中水十四局	已签署
10	肇庆抽蓄	输水发电系统土建工程施工合同	7	7	中水四局	已签署
11	南宁抽蓄	上下库连接道路施工项目Ⅰ标施工合同	18	18	安能一局	已签署
12	中洞抽蓄	通风洞、进厂交通洞工程施工项目合同	27	27	中水十四局	已签署
13	梅蓄二期	二期工程监理项目合同	6	6	华东监理	已签署
14	南宁抽蓄	主体工程监理合同	2	2	贵阳院	已签署
15	中洞抽蓄	通风洞、进厂交通洞工程施工项目合同	11	11	中水十四局	已签署
16	梅蓄二期	输水发电系统土建工程施工合同	23	23	中水十四局	已签署
统计						

图 2.2.1-1 人员进场报审

序号	数据标题	当前所属工程	证件状态	当前所属承包商	所在项目部	岗位
1	杨XX	阳蓄	正常	中水十四局	广水二局下水库道路项目部	现场管理人员
2	邓XX	阳蓄	正常	中水七局	广水二局下水库道路项目部	现场管理人员
3	许XX	阳蓄	正常	中水七局	广水二局下水库道路项目部	现场管理人员
4	薛XX	阳蓄	正常	广东省工业设备安装有限公司	广水二局下水库道路项目部	现场管理人员
5	薛XX	阳蓄	正常	广东省工业设备安装有限公司	广水二局下水库道路项目部	现场管理人员
6	贺XX	阳蓄	正常	广东省工业设备安装有限公司	广水二局下水库道路项目部	现场管理人员
7	翁XX	肇庆抽蓄	正常	广水二局	广水二局下水库道路项目部	现场管理人员
8	罗XX	肇庆抽蓄	正常	广水二局	广水二局下水库道路项目部	支护工
9	杨XX	肇庆抽蓄	正常	广水二局	广水二局下水库道路项目部	支护工
10	杨XX	肇庆抽蓄	正常	广水二局	广水二局下水库道路项目部	支护工
11	杨XX	肇庆抽蓄	正常	广水二局	广水二局下水库道路项目部	支护工
12	杨XX	肇庆抽蓄	正常	广水二局	广水二局下水库道路项目部	支护工
13	杨XX	肇庆抽蓄	正常	广水二局	广水二局下水库道路项目部	支护工
14	韦XX	阳蓄	正常	广水二局	南宁抽蓄中水七局项目部	普工
15	刘XX	南宁抽蓄	正常	中水七局	南宁抽蓄中水七局项目部	普工
16	刘XX	南宁抽蓄	正常	中水七局	南宁抽蓄中水七局项目部	普工
17	吴XX	阳蓄	正常	广水二局	南宁抽蓄中水七局项目部	普工
18	郭XX	阳蓄	正常	广水二局	南宁抽蓄中水七局项目部	普工
统计						

图 2.2.1-2 参建人员信息库

图 2.2.1-3　道闸系统

5. 主要依据

本案例涉及的主要参考依据见表2.2.1-1。

表 2.2.1-1　人员准入管理实践探索主要依据

依　据	内　容
《建筑工人实名制管理办法（试行）》（建市〔2022〕59号）第七条	建筑企业应承担施工现场建筑工人实名制管理职责，制定本企业建筑工人实名制管理制度，配备专（兼）职建筑工人实名制管理人员，通过信息化手段将相关数据实时、准确、完整上传至相关部门的建筑工人实名制管理平台。 总承包企业（包括施工总承包、工程总承包以及依法与建设单位直接签订合同的专业承包企业，下同）对所承接工程项目的建筑工人实名制管理负总责，分包企业对其招用的建筑工人实名制管理负直接责任，配合总承包企业做好相关工作
《建筑工人实名制管理办法（试行）》（建市〔2022〕59号）第十条	建筑工人应配合有关部门和所在建筑企业的实名制管理工作，进场作业前须依法签订劳动合同或用工书面协议并接受基本安全培训
《建筑工人实名制管理办法（试行）》（建市〔2022〕59号）第十二条	总承包企业应以真实身份信息为基础，采集进入施工现场的建筑工人和项目管理人员的基本信息，并及时核实、实时更新； 真实完整记录建筑工人工作岗位、劳动合同或用工书面协议签订情况、考勤、工资支付等从业信息，建立建筑工人实名制管理台账；按项目所在地建筑工人实名制管理要求，将采集的建筑工人信息及时上传相关部门。 已录入全国建筑工人管理服务信息平台的建筑工人，1年以上（含1年）无数据更新的，再次从事建筑作业时，建筑企业应对其重新进行基本安全培训，记录相关信息，否则不得进入施工现场上岗作业

依 据	内 容
《职业健康监护技术规范》（GBZ 188—2014）4.6.1.1	上岗前健康检查的主要目的是发现有无职业禁忌证，建立接触职业病危害因素人员的基础健康档案。上岗前健康检查均为强制性职业健康检查，应在开始从事有害作业前完成。下列人员应进行上岗前健康检查： 1. 拟从事接触职业病危害因素作业的新录用人员，包括转岗到该种作业岗位的人员。 2. 拟从事有特殊健康要求作业的人员，如高处作业、电工作业、职业机动车驾驶作业等
《电力建设工程施工安全管理导则》（NB/T 10096—2018）10.3.4	新入场人员在上岗前，必须经过岗前安全教育培训，经考试合格后方可上岗，培训时间不得少于72学时，每年再培训时间不得少于20小时，培训内容应符合国家及行业有关规定，并保存完善的建设工程项目安全教育培训记录
《电力建设工程施工安全管理导则》（NB/T 10096-2018）18.2.1.2	参建单位应当对劳动者进行上岗前的职业卫生培训和在岗期间的定期职业卫生培训，普及职业卫生知识，督促劳动者遵守职业病防治的法律、法规、规章、国家职业卫生标准和操作规程；对职业病危害严重的岗位的劳动者，进行专门的职业卫生培训，经培训合格后方可上岗作业；因变更工艺、技术、设备、材料，或者岗位调整导致劳动者接触的职业病危害因素发生变化的，应当重新对劳动者进行上岗前的职业卫生培训
《建筑施工安全检查标准》（JGJ 59—2011）3.1.3	当施工人员入场时，工程项目部应组织进行以国家安全法律法规、企业安全制度、施工现场安全管理规定及各工种安全技术操作规程为主要内容的三级安全教育培训和考核

2.2.2 安全教育培训

电站工程施工作业人员数量庞大、流动频繁，安全教育培训工作的针对性和有效性难以保障，作业人员安全意识和技能水平不高，需要系统、规范地进行管理。

2.2.2.1 入场安全培训

新入场人员需经过承包商的三级安全教育并考试合格后，方可进入现场工作。对于来访人员，必须履行备案登记手续，开展安全告知后方可进入施工现场，并由接访人员陪同。

1. 主要风险

电站建设施工现场作业人员入场安全教育培训不到位，主要存在以下风险：

（1）未对新入场人员进行三级安全教育培训或安全教育培训效果差，新入场人员不能直观、快速地了解整个项目的安全风险，无法形成良好的安全意识，安全技能掌握不足，容易出现违章作业。

（2）各参建单位未按要求及时组织开展入场人员三级安全教育培训，企业存在安全教育培训不到位的法律风险。

（3）来访人员未经安全告知，不清楚现场安全风险分布，易接触危险有害因素。

2. 管控措施

针对上述风险，主要管控措施如下：

（1）建立健全安全教育培训制度，新入场人员作业前必须接受三级安全教育培训并经考试合格，主要负责人和专职安全生产管理人员应持证上岗。

（2）建立安全培训体验馆，应用智能安全教育培训设施，通过VR（虚拟现实）体验技术使作业人员、来访人员在短时间内直观、快速地掌握风险分布和安全技能。

3. 实践探索

为有效降低上述风险，提高电站建设人员入场安全培训成效，具体实践探索情况如下：

（1）三级安全教育培训。电站建设各承包商建立人员安全教育培训标准，新进人员在入场前完成三级安全教育培训，安全教育培训学时达到法定相关要求，在脱岗1个月后还需组织返岗人员参加安全教育培训，建立安全培训档案。入场安全教育培训结束后，统一参加培训考试，考试合格后方可上岗。

（2）可视化安全培训。通过设置VR虚拟现实体验馆等可视化方式（见图2.2.2-1），让新入场人员快速、直观地了解工程概况和存在的安全风险。VR虚拟现实体验馆可真实模拟施工现场，让参培人员在虚拟现实中进入场景，通过VR手柄、升降机等设备进行操作互动，在短时间内完成安全注意事项学习。

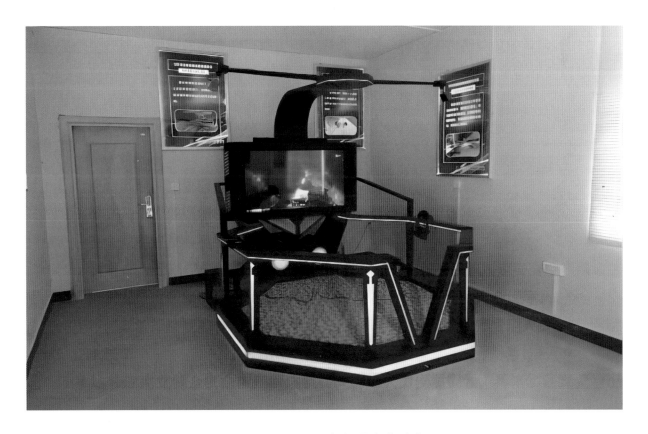

图 2.2.2-1　VR 虚拟现实体验馆

（3）实操安全培训。通过设置安全教育培训体验馆，将传统的安全教育模式和体验式安全培训相结合，让施工参与者真切感受到安全生产的重要性。通过安全培训体验馆增强了作业人员安全意识，减少违章作业及事故事件的发生。

坠落体验设施真实模拟作业人员的工作环境和岗位风险，使作业人员充分认识到高空坠落带来的危险，从而养成主动、正确使用安全绳、安全带以及差速自控器的好习惯（见图2.2.2-2）。

图 2.2.2-2　坠落体验设施

安全帽撞击体验主要使体验者真实体验高处坠物对安全帽的撞击感受，让作业人员深刻认识到不佩戴安全帽带来的危险（见图2.2.2-3）。

综合用电体验使作业人员直观地掌握用电和触电基本原理，真实体验触电感，提高电工或用电设备操作人员基础技能，提升作业人员对触电事故的应急处置能力（见图2.2.2-4）。

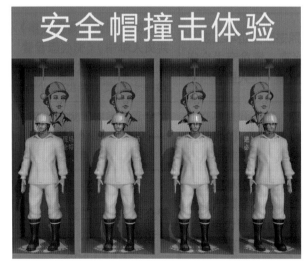

图 2.2.2-3　安全帽模拟物体打击　　　　图 2.2.2-4　综合用电体验

4. 应用成效。

通过规范开展入场安全教育培训，建立安全培训体验馆，应用智能化安全教育培训设施，有效增强了新入场人员的安全防范意识，提高了人员专业安全知识和技能水平。

5. 主要依据。

本案例涉及的主要参考依据见表2.2.2-1。

表 2.2.2-1　入场安全培训实践探索主要依据

依　据	内　容
《建设工程安全生产管理条例》（中华人民共和国国务院令第393号）第三十七条	作业人员进入新的岗位或者新的施工现场前，应当接受安全生产教育培训。未经教育培训或者教育培训考核不合格的人员，不得上岗作业。 施工单位在采用新技术、新工艺、新设备、新材料时，应当对作业人员进行相应的安全生产教育培训
《生产经营单位安全培训规定》（国家安全生产监督管理总局令〔2015〕第80号）第十三条	生产经营单位新上岗的从业人员，岗前安全培训时间不得少于24学时。 煤矿、非煤矿山、危险化学品、烟花爆竹、金属冶炼等生产经营单位新上岗的从业人员安全培训时间不得少于72学时，每年再培训的时间不得少于20学时
《施工企业安全生产管理规范》（GB 50656—2011）7.0.6	施工企业新上岗操作工人必须进行岗前教育培训，教育培训应包括下列内容： 1. 安全生产法律法规和规章制度。 2. 安全操作规程。 3. 针对性的安全防范措施。 4. 违章指挥、违章作业、违反劳动纪律产生的后果。 5. 预防、减少安全风险以及紧急情况下应急救援的基本知识、方法和措施
《头部防护安全帽选用规范》（GB/T 30041—2013）4.2.1	在可能存在物体坠落、碎屑飞溅、磕碰、撞击、穿刺、挤压、摔倒及跌落等伤害头部的场所时，应佩戴至少具有基本技术性能的安全帽
《头部防护安全帽选用规范》（GB/T 30041—2013）5.1.4	安全帽在使用时应戴正、戴牢，锁紧帽箍，配有下颏带的安全帽应系紧下颏带，确保在使用中不发生意外脱落
《电力建设工程施工安全管理导则》（NB/T 10096—2018）10.1.1	参建单位应明确安全教育培训主管部门或责任人，定期识别安全教育培训需求，制订、实施安全教育培训计划，有相应的资源保证
《电力建设工程施工安全管理导则》（NB/T 10096—2018）10.1.4	参建单位应在工程开工前、停建（三个月及以上）工程复工前和每年年初，组织参加施工活动的全体人员进行一次安全工作标准规范、制度的学习
《电力建设工程施工安全管理导则》（NB/T 10096—2018）10.3.1	参建单位应定期对从业人员进行与其所从事岗位相应的安全教育培训，确保从业人员具备必要安全生产知识，掌握安全操作技能，熟悉安全生产规章制度和操作规程，了解事故应急处理措施
《电力建设工程施工安全管理导则》（NB/T 10096—2018）10.3.4	新入场人员在上岗前，必须经过岗前安全教育培训，经考试合格后方可上岗，培训时间不得少于72学时，每年再培训时间不得少于20小时，培训内容应符合国家及行业有关规定，并保存完善的建设工程项目安全教育培训记录

续表

依　据	内　容
《电力建设工程施工安全管理导则》（NB/T 10096—2018）14.4.1	施工单位应依法合理进行生产作业组织和管理，加强对从业人员作业行为的安全管理，对设备设施、工艺技术以及从业人员作业行为等进行安全风险评估，采取相应的措施，控制作业行为安全风险
《电力建设工程施工安全管理导则》（NB/T 10096—2018）14.4.3	施工单位应为从业人员配备与岗位安全风险相适应的、符合GB/T 11651规定的个体防护装备与用品，并监督、指导从业人员按照有关规定正确佩戴、使用、维护、保养和检查个体防护装备与用品
《建筑施工安全检查标准》（JGJ 59—2011）3.1.4	施工现场入口处及主要施工区域、危险部位应设置相应的安全警示标志牌
《建筑施工安全检查标准》（JGJ 59—2011）3.2.4	大门口处应设置公示标牌，主要内容应包括：工程概况牌、消防保卫牌、安全生产牌、文明施工牌、管理人员名单及监督电话牌、施工现场总平面图；标牌应规范、整齐、统一；施工现场应有安全标语
《建筑施工高处作业安全技术规范》（JGJ 80—2016）3.0.5	高处作业人员应根据作业的实际情况配备相应的高处作业安全防护用品，并应按规定正确佩戴和使用相应的安全防护用品、用具
《施工现场临时用电安全技术规范》（JGJ 46—2005）3.2.3	各类用电人员应掌握安全用电基本知识和所用设备的性能，并应符合下列规定： 1.使用电气设备前必须按规定穿戴和配备好相应的劳动防护用品，并应检查电气装置和保护设施，严禁设备带"缺陷"运转。 2.保管和维护所用设备，发现问题及时报告解决。 3.暂时停用设备的开关箱必须分断电源隔离开关，并应关门上锁。 4.移动电气设备时，必须经电工切断电源并做妥善处理后进行

2.2.2.2　安全技术交底

安全技术交底包括合同工程开工前安全技术交底和分部分项工程开工前的安全技术交底。安全技术交底是施工安全管理的一项重要工作，是促进工程按照设计和施工方案施工、帮助施工人员掌握施工作业过程中的安全风险和安全技术措施的一种培训方式。

1.主要风险

电站建设施工环境复杂，部分作业危险性较大，未对作业人员开展安全技术交底或安全技术交底不到位，存在因作业人员对作业内容的安全技术操作规程和注意事项不熟悉而导致事故发生的风险。

2.管控措施

针对上述风险，主要管控措施如下：

（1）细化、优化施工技术方案，施工技术方案编制人员应充分考虑风险因素和分布情况，从工程基准风险数据库中选取有效的管控措施并进行差异化分析，从源头上管控风险。

（2）危险性较大的分部分项工程专项施工方案实施前，承包商项目技术负责人应当向现场管理人员和作业人员进行安全技术交底。

（3）严格执行安全技术交底相关要求，做到不开展安全技术交底不开工，规范作业人员操作规程，降低作业人员安全风险。

3. 实践探索

为有效降低上述风险，通过对合同工程、分部分项工程，作业前进行安全交底，具体实践探索情况如下：

（1）合同工程安全交底。建设单位在工程项目合同实施前对承包商进行全面的安全技术交底，监理单位在每个施工合同开工前组织对施工单位项目主要管理人员进行安全技术交底，设计单位负责设计文件中施工安全的重点部位和环节，以及防范生产安全事故的指导意见交底。内容包括但不限于：方针、安全目标、国家安全生产法律法规重点内容、双方责任、工作/许可程序、可能风险及应对措施、应急程序、人员条件/培训、安全检查、现场标识与环境、安全工器具、个人防护用品、施工机械与设备等，交底人与被交底人必须签字确认。

（2）分部分项工程安全交底。为加强现场安全管理工作，确保作业人员人身安全，让作业人员了解和掌握作业项目的安全技术操作规程和注意事项，降低因违章操作而导致事故发生的可能性，施工作业开工前组织安全技术交底会议，做到不开展交底不能开工。在分部分项工程施工前，承包商项目技术负责人按批准的施工组织设计或专项安全技术措施方案，向有关人员进行安全技术交底。安全技术交底主要包括两个方面的内容：一是对施工方案进行细化和补充；二是向作业人员介绍作业风险点和管控措施，保证作业人员的人身安全。安全技术交底工作结束后，所有参加交底的人员必须履行签字手续，班组、交底人、安全员三方各留执一份，并记录存档。

（3）作业前安全交底。每天作业前进行站班会，开展"三交三查"（交任务、交安全、交措施；查着装、查精神面貌、查个人劳动防护用品）工作，设置站班会宣讲台，每日工作前对工作班成员进行危险点告知，交代安全措施和技术措施，并确认每一个工作班成员都已知晓（见图 2.2.2-5 和图 2.2.2-6）。

图 2.2.2-5　站班会宣讲台

图 2.2.2-6　站班会宣讲示意图

4.应用成效

安全技术交底能够让一线作业人员了解和掌握该作业任务的安全技术操作规程和注意事项，减少因违章操作而导致事故的可能，有效增强了员工的安全防范意识、增加了员工的安全专业知识和技能储备。

5.主要依据

本案例涉及的主要参考依据见表2.2.2-2。

表 2.2.2-2　安全技术交底实践探索主要依据

依　据	内　容
《电力建设工程施工安全管理导则》（NB/T 10096—2018）12.6.1	建设单位应在工程开工前，组织其他参建单位就落实项目保证安全生产的措施、方案进行全面系统的布置、交底，明确各方的安全生产责任，并形成会议纪要；同时组织勘察设计单位就工程的外部环境、工程地质、水文条件对工程的施工安全可能构成的影响，工程施工对当地环境安全可能造成的影响，以及工程主体结构和关键部位的施工安全注意事项等进行设计交底。实行工程总承包的，工程总承包单位应在工程开工前，组织分包单位就落实项目保证安全生产的措施、方案、安全管理要求等，进行全面系统的布置、交底，明确各方的安全生产责任，并形成会议纪要
《电力建设工程施工安全管理导则》（NB/T 10096—2018）12.6.2	施工单位应依据国家有关安全生产的法律法规、标准规范的要求和工程设计文件、施工组织设计、安全技术计划和安全技术专篇（安全技术计划）、专项施工方案、安全技术措施等安全技术管理文件的要求进行安全技术交底。并明确安全技术交底分级的原则、内容、方法及确认手续
《电力建设工程施工安全管理导则》（NB/T 10096—2018）12.6.3	危险性较大的分部分项工程专项施工方案实施前，编制人员或技术负责人应当向现场管理人员和作业人员进行安全技术交底

2.2.2.3　违章教育培训

违章教育培训是针对现场违章人员进行的安全教育培训，主要是通过安全教育培训的方式提升违章人员的安全思想意识，减少施工现场人员违章频次和习惯性违章发生的概率，保障现场作业人员的人身安全。

1.主要风险

电站建设施工现场作业人员的"三违"行为是导致事故发生的重要原因，主要存在以下风险：

（1）电站建设施工环境复杂，危险作业较多，若未对违章人员及时进行安全教育培训，将导致人员难以及时认识并纠正自身的违章行为，存在因人员违章行为引发安全事故的风险。

（2）人员违章教育培训不到位或者培训效果不明显，存在因人员习惯性违章而引发安全事故的风险。

2. 管控措施

针对上述风险，主要管控措施如下：

（1）建立健全人员违章教育培训机制，当现场作业人员因安全意识不足发生违章作业或习惯性违章问题，及时对相关人员开展违章教育培训，通过一对一讲解、谈话，使作业人员能够更深入和更有针对性地意识到违章作业产生的风险隐患和可能发生的事故。

（2）结合安全培训体验馆的体验式培训，开展违章教育培训，让违章作业人员切实体验到违章所带来的事故后果。

3. 实践探索

为有效降低上述风险，提高电站建设人员违章教育培训管理水平，具体实践探索情况如下：

（1）建立健全人员违章教育培训机制。各承包商建立健全违章教育培训机制，对违章作业人员就违章内容开展针对性违章教育培训，培训结束后，就培训内容开展考试，考试合格后方可返岗。

（2）编制发布《抽水蓄能电站承包商安全履职管理补充规定》（见图2.2.2-7），按周统计现场作业人员习惯性违章次数，单次通报次数超过5次的，约谈责任单位项目经理并组织其参与违章教育和安规考试；当一年内约谈次数达到3次时，项目安委会将向责任单位总部发函通报其安全管理履约不到位的情况并附约谈记录。该文件对习惯性违章的定义进行了明确：

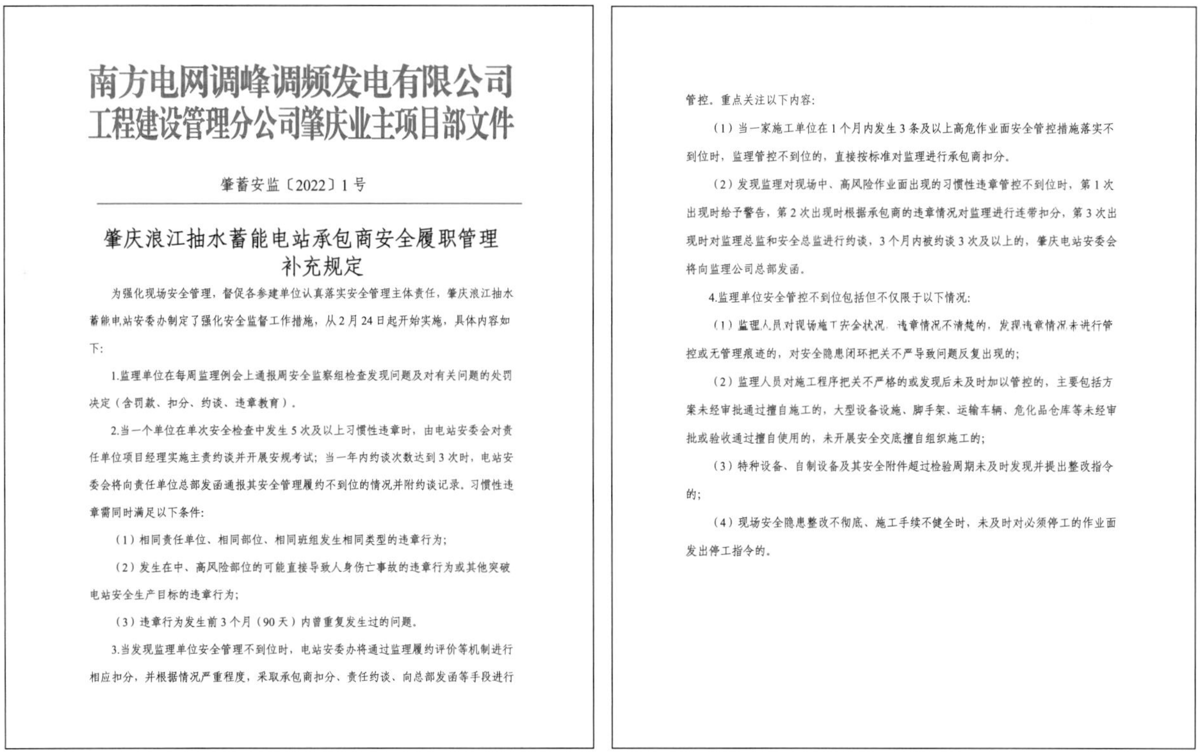

南方电网调峰调频发电有限公司
工程建设管理分公司肇庆业主项目部文件

肇蓄安监〔2022〕1号

肇庆浪江抽水蓄能电站承包商安全履职管理补充规定

为强化现场安全管理，督促各参建单位认真落实安全管理主体责任，肇庆浪江抽水蓄能电站安委办制定了强化安全监督工作措施，从2月24日起开始实施，具体内容如下：

1.监理单位在每周监理例会上通报周安全监察组检查发现问题及对有关问题的处罚决定（含罚款、扣分、约谈、违章教育）.

2.当一个单位在单次安全检查中发生5次及以上习惯性违章时，由电站安委会对责任单位项目经理实施主责约谈并开展安规考试；当一年内约谈次数达到3次时，电站安委会将向责任单位总部发函通报其安全管理履约不到位的情况并附约谈记录。习惯性违章需同时满足以下条件：

（1）相同责任单位、相同部位、相同班组发生相同类型的违章行为；

（2）发生在中、高风险部位的可能直接导致人身伤亡事故的违章行为或其他突破电站安全生产目标的违章行为；

（3）违章行为发生前3个月（90天）内曾重复发生过的问题。

3.当发现监理单位安全管理不到位时，电站安委办将通过监理履约评价等机制进行相应扣分，并根据情况严重程度，采取承包商扣分、责任约谈、向总部发函等手段进行管控。重点关注以下内容：

（1）当一家施工单位在1个月内发生3条及以上高危作业面安全管控措施落实不到位时，监理管控不到位的，直接按标准对监理进行承包商扣分。

（2）发现监理对现场中、高风险作业面出现的习惯性违章管控不到位时，第1次出现时给予警告，第2次出现时根据承包商的违章情况对监理进行连带扣分，第3次出现时对监理总监和安全总监进行约谈，3个月内被约谈3次及以上的，肇庆电站安委会将向监理公司总部发函。

4.监理单位安全管控不到位包括但不仅限于以下情况：

（1）监理人员对现场施工安全状况、违章情况不清楚的，发现违章情况未进行管控或无管理痕迹的，对安全隐患闭环把关不严导致问题反复出现的；

（2）监理人员对施工程序把关不严格的或发现后未及时加以管控的，主要包括方案未经审批通过擅自施工的，大型设备设施、脚手架、运输车辆、危化品仓库等未经审批或验收通过擅自使用的，未开展安全交底擅自组织施工的；

（3）特种设备、自制设备及其安全附件超过检验周期未及时发现并提出整改指令的；

（4）现场安全隐患整改不彻底、施工手续不健全时，未及时对必须停工的作业面发出停工指令的。

图 2.2.2-7　安全履职管理补充规定

1）相同责任单位、相同部位、相同班组发生相同类型的违章行为。

2）发生在中、高风险部位的可能直接导致人身伤亡事故的违章行为或其他突破电站安全生产目标的违章行为。

3）违章行为发生前3个月（90天）内曾重复发生过的问题。

4.应用成效

通过违章教育培训有效加强了违章人员对违章行为认识，提升了承包商对习惯性违章的管理力度，有效减少了人员违章频次和习惯性违章发生的概率，形成了作业人之间相互提醒的良好氛围。同时，可以更加具有针对性地让违章人员意识到违章所产生的风险隐患和事故后果。

5.主要依据

本案例涉及的主要参考依据见表2.2.2-3。

表 2.2.2-3　违章教育培训探索实践主要依据

依　　据	内　　容
《电力建设工程施工安全管理导则》（NB/T 10096—2018）10.1.1	参建单位应明确安全教育培训主管部门或责任人，定期识别安全教育培训需求，制订、实施安全教育培训计划，有相应的资源保证
《电力建设工程施工安全管理导则》（NB/T 10096—2018）10.1.4	参建单位应在工程开工前、停建（三个月及以上）工程复工前和每年年初，组织参加施工活动的全体人员进行一次安全工作标准规范、制度的学习
《电力建设工程施工安全管理导则》（NB/T 10096—2018）10.3.4	新入场人员在上岗前，必须经过岗前安全教育培训，经考试合格后方可上岗，培训时间不得少于72学时，每年再培训时间不得少于20小时，培训内容应符合国家及行业有关规定，并保存完善的建设工程项目安全教育培训记录
《电力建设工程施工安全管理导则》（NB/T 10096—2018）14.4.1	施工单位应依法合理进行生产作业组织和管理，加强对从业人员作业行为的安全管理，对设备设施、工艺技术以及从业人员作业行为等进行安全风险评估，采取相应的措施，控制作业行为安全风险
《电力建设工程施工安全管理导则》（NB/T 10096—2018）14.4.2	施工单位应监督、指导从业人员遵守安全生产和职业卫生规章制度、操作规程，杜绝违章指挥、违规作业和违反劳动纪律的"三违"行为
《建筑施工安全检查标准》（JGJ 59—2011）3.1.3	工程项目部应建立安全教育培训制度；当施工人员入场时，工程项目部应组织进行以国家安全法律法规、企业安全制度、施工现场安全管理规定及各工种安全技术操作规程为主要内容的三级安全教育培训和考核

2.2.3　违章管理

违章行为包含违章指挥、违章作业和违反劳动纪律，在2021年修订的《中华人民共和国刑法修正案（十一）》中已将"三违"相关条款纳入刑法规制范畴，管控好违章问题可以有效降低事故发生的概率。

1. 主要风险

电站建设过程中，若违章行为未及时得到纠正，将会成为事故事件的导火索，造成人员伤亡、财产损失。

2. 管控措施

针对上述风险，主要管控措施如下：

（1）制定违章管理激励机制，引导承包商自主管控违章问题。

（2）基于违章导致后果的严重程度制定扣分标准，对承包商及其人员进行动态扣分。

（3）制定违章罚款标准，对违章责任单位和人员进行处罚。

（4）开展违章公示管理，定期对违章扣分、罚款信息进行通报，对承包商及人员进行警示。

3. 实践探索

为有效降低上述风险，建设单位采取有效激励措施，包括违章扣分、违章罚款及违章通报等方式，具体实践探索情况如下：

（1）违章扣分管理。制定《基建承包商及施工作业违章扣分实施指南》，根据违章后果的严重程度设置A、B、C、D四个违章类型，在一年的周期内，以12分为上限进行管理，扣分对象包括违章人员及其所在单位，每10次个人扣分或1次A类违章将关联1次承包商扣分，到期后自动清零。

1）个人扣分：扣分分值达到6分将亮黄灯警告，开展脱岗教育（1年内最多两次），经安规考试合格后方可返岗；扣分分值达到12分时将亮红灯清退出场。

2）承包商扣分：扣分分值达到6分将亮黄灯警告，由建设单位对责任单位进行警告谈话；扣分分值达到12分时将亮红灯并对责任单位进行处罚、暂停其一定周期的投标资格，连续两次达到12分后建设单位将把责任单位纳入黑名单。

（2）违章罚款。制定《承包商违章罚款工作细则》，由监理单位基于现场违章情况开具安全文明施工处罚通知单（见图2.2.3-1），对违章单位进行罚款。同时，责任单位根据监理开具的处罚通知单对违章人员进行相应处罚。

（3）违章通报管理。监理单位组织建立违章管理台账，动态统计承包商及人员违章扣分和罚款情况，并在安全生产会议上进行通报。

（4）违章公示管理。建立违章曝光机制，在施工营地、作业现场等场所公布违章照片和处罚情况，起到警示作用（见图2.2.3-2）。

（5）根本原因分析机制。建设单位组织承包商就施工作业现场违章问题按照"四不放过"原则建立根本原因分析机制，从"环境上的不安全"到"物的不稳定状态"至

"人的不安全行为",最终分析到"管理责任问题",制定有针对性、可操作性的纠正预防措施,避免同类问题重复发生。

安全文明施工处罚通知单

编号:**ETI-FCB-AQCF-2022-002**

工程名称:广东惠州中洞抽水蓄能电站		合同编号:239002021010313GC××××			
承建单位	××××公司惠州中洞抽水蓄能电站项目部				
罚款事由	通风洞、进厂交通洞标段在施工过程中发现高处作业人员未佩戴安全带				
罚款依据及金额	1. 处罚依据:《工程建设管理分公司工程建设安全文明施工处罚工作指引（试行）》第 5.9 款:高处作业不栓挂（不佩戴）安全带;安全带低挂高用或挂在不牢固的构件上;不挂安全带站在临空边缘施工作业;高边坡凿岩、清撬作业不使用安全带（绳）;使用前不检查或使用不合格的安全带。 2. 处罚金额: 500 元（大写:伍佰圆整）				
整改要求	要求承包人组织相关人员进行安全意识教育,加强高处作业施工安全管理,严禁类似现象重复发生				
整改完成时间	2022 年 4 月 11 日				
签发单位	××××公司广东惠州中洞抽水蓄能电站主体工程监理部	开单人		日期	
		签发人		日期	
接收单位	××××公司惠州中洞抽水蓄能电站项目部	接收人		日期	
备注	1. 此通知书一式三份,施工单位、监理单位、业主各执一份。罚款金额在月进度款结算时扣除。 2. 处罚通知单签发人签字后立即生效。 3. 作为处罚依据的相关照片由开单人附在本表后。 4. 施工单位将存在问题的整改结果以《安全文明施工整改报告》形式一式四份及时反馈到监理单位,由监理单位签署审核意见后将两份转报业主,一份返回施工单位,一份监理单位保存。				

图 2.2.3-1 安全文明施工罚款通知单

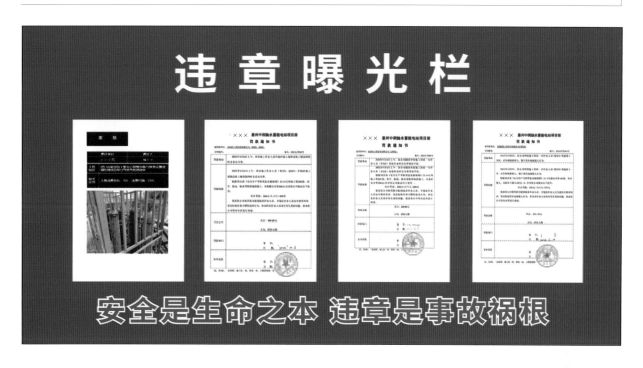

图 2.2.3-2　违章曝光栏

4. 应用成效

违章管理机制的建立与有效运转，提高了现场作业人员的安全生产意识，强化了现场作业安全风险管控，有效降低了现场作业人员的违章频率及事故发生概率。

5. 主要依据

本案例涉及的主要参考依据见表2.2.3-1。

表 2.2.3-1　违章管理实践探索主要依据

依　据	内　容
《电力建设工程施工安全管理导则》（NB/T 10096—2018）7.2.3	施工单位应当定期组织施工现场安全检查和隐患排查治理，严格落实施工现场安全措施，杜绝违章指挥、违章作业、违反劳动纪律行为发生
《电力建设工程施工安全管理导则》（NB/T 10096—2018）14.4.2	施工单位应监督、指导从业人员遵守安全生产和职业卫生规章制度、操作规程，杜绝违章指挥、违规作业和违反劳动纪律的"三违"行为
《电力建设工程施工安全管理导则》（NB/T 10096—2018）15.2.3	各类安全检查中发现的安全隐患和环境保护、职业卫生、安全文明施工管理问题，应下发整改通知，限期整改，并对整改结果进行确认，实行闭环管理；对因故不能立即整改的问题，责任单位应采取临时措施，并制订整改计划，分阶段实施

2.2.4 职业健康管理

职业健康管理是指采取技术措施和管理措施对工程建设进行全面、系统的职业病预防和治理，主要包括营造良好施工环境、改善劳动条件、防止伤亡事故、预防职业病和职业中毒等内容。

1. 主要风险

电站建设过程中施工作业环境复杂、工种多，职业健康制度落实不到位或职业病防护设备设施配置不齐全，主要存在以下风险：

（1）未按照规章制度对相关人员开展上岗前、在岗期间及离岗时职业健康体检，未建立职业健康监护档案，存在作业人员患职业病无法及时发现、职业禁忌人员接触职业病危害因素患职业病的风险。

（2）未开展职业危害因素检测，人员在不满足要求的环境下作业，危害因素治理不到位，存在作业人员患职业病的风险。

（3）未落实职业病防护设施"三同时"要求，未配备足够的职业病防护设备、设施或未提供足够的个人防护用品，存在作业人员患职业病的风险。

（4）作业人员未佩戴有效的职业病防护用品开展劳动作业，存在作业人员患职业病的风险。

2. 管控措施

针对上述风险，主要管控措施如下：

（1）每年安排现场相关人员参加职业健康体检，规定人员上岗前、在岗期间和离岗时必须进行职业健康体检，并建立作业人员职业健康监护档案。人员必须经过职业禁忌症筛查后方可入场。

（2）在项目前期阶段，编制《职业病危害预评价报告》，将职业病防护设施有关要求融入项目可行性研究报告《劳动安全与工业卫生》专题，并列支相关费用。

（3）定期开展职业病危害因素检测工作，将工作过程中可能产生的职业病危害及其后果、职业病防护措施等如实告知劳动者，定期开展职业健康安全教育培训。

（4）及时治理有毒有害气体，控制作业环境温湿度，合理安排劳动作业时间，合理配置防护用品和急救物资，持续改善劳动条件，落实职业病防护措施。

3. 实践探索

为有效降低上述风险，提高电站建设职业健康管理水平，具体实践探索情况如下：

（1）项目前期阶段。在项目建设前期，按照职业病防护设施"三同时"的要求，开展职业病危害预评价和职业病防护设施设计专篇工作。在开展职业病危害预评价工作时，委托具有职业卫生资质的职业卫生技术服务机构，编写建设项目职业病危害预评价报告

（见图2.2.4-1），并邀请专家对报告进行评审。职业病防护设施设计相关内容融入项目可行性研究报告《劳动安全与工业卫生》专题，并列支相关费用。

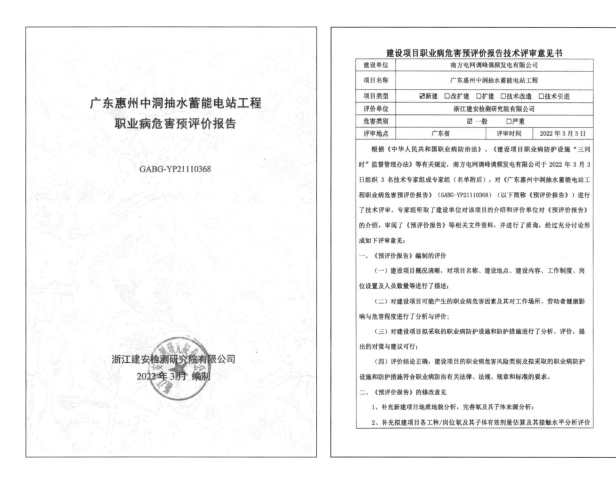

图 2.2.4-1　《职业病危害预评价报告》

（2）建设施工阶段。在施工阶段管控作业人员职业健康风险，通过一系列措施，降低作业人员职业健康风险。

1）开展作业人员职业健康检查，建立人员职业健康监护档案。

2）开展职业健康风险评估，明确不同工种在不同区域面临的职业健康风险级别和管控措施，制定职业健康风险评估表，在施工现场张贴职业健康危害因素告知牌（见图2.2.4-2），结合职业病防护设施设计要求，落实职业健康风险控制措施。

3）通过钉钉社区论坛、现场宣讲、警示教育、手册发放、咨询日活动、张贴职业健康知识海报和横幅等多种方式开展职业病防治宣传活动，开展职业健康培训，提高员工职业病防护意识。

4）地下洞室群开挖时，跟随作业面布置轴流风机持续为施工作业面通风，现场设置有害气体检测设备进行气体监测（见图2.2.4-3），为施工作业人员配备防毒面罩、防尘口罩和耳塞等。

5）做好施工作业现场职业健康危害因素检测，委托第三方检测机构开展危害因素检测，并出具检测报告。

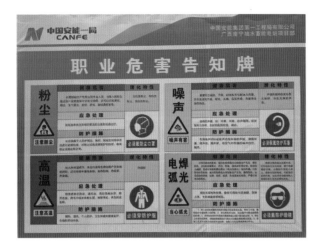

图 2.2.4-2　现场职业病危害告知　　　　图 2.2.4-3　现场气体检测装置

（3）项目验收阶段。在项目竣工前开展职业病防护设施竣工验收工作，委托具有职业卫生资质的技术服务机构编制《职业病危害控制效果评价报告》，邀请职业病防护专家在设施竣工验收时进行评审。编制《职业病危害控制效果评价报告》时，应充分收集相关资料（见表2.2.4-1）。

表 2.2.4-1　《职业病危害控制效果评价报告》资料收集清单

序号	资　料　名　称
1	项目立项文件
2	本项目职业病危害预评价报告、劳动安全与工业卫生专题
3	项目初步设计方案及说明或基础设计资料
4	所有的原辅材料的产品安全数据（MSDS）及年消耗量
5	总平面布置图
6	总人数、各生产岗位定员及工作班时
7	个人防护用品发放情况和各防护用品的型号及相关说明
8	企业年度职业健康体检汇总表及职业健康监护档案
9	职业卫生管理台账，包括： 1.职业卫生管理组织机构及人员； 2.职业病防治规划、实施方案； 3.职业健康监护制度； 4.职业健康档案管理制度；

序号	资 料 名 称
9	5.职业病的报告制度； 6.职业卫生培训制度及培训情况； 7.个人防护用品使用制度； 8.工作场所职业病危害因素检测及评价制度； 9.职业禁忌证调离制度； 10.女职工劳动保护； 11.应急救援制度及措施； 12.职业病危害的告知情况； 13.应急救援方案； 14.职业病防治经费设置情况
10	试运行期间的一般资料，包括： 1.项目施工时间节点； 2.开始试运行时间； 3.目前达到的生产负荷情况； 4.试运行期间有无发生安全事故、职业卫生中毒和意外事件

4.应用成效

通过落实职业病防护设施"三同时"、职业健康体检、危害因素检测和职业卫生安全培训教育等措施，施工作业环境得到改善、人员职业病防治意识得到提高，有效降低了作业人员患职业病概率。

5.主要依据

本案例涉及的主要参考依据见表2.2.4-2。

表2.2.4-2　职业健康管理实践探索主要依据

依 据	内 容
《中华人民共和国职业病防治法》（中华人民共和国主席令第二十四号）第十四条	用人单位应当依照法律、法规要求，严格遵守国家职业卫生标准，落实职业病预防措施，从源头上控制和消除职业病危害
《中华人民共和国职业病防治法》（中华人民共和国主席令第二十四号）第二十二条	用人单位必须采用有效的职业病防护设施，并为劳动者提供个人使用的职业病防护用品。 用人单位为劳动者个人提供的职业病防护用品必须符合防治职业病的要求；不符合要求的，不得使用
《建设项目职业病防护设施"三同时"监督管理办法》（国家安全生产监督管理总局令第90号）第四条	建设单位对可能产生职业病危害的建设项目，应当依照本办法进行职业病危害预评价、职业病防护设施设计、职业病危害控制效果评价及相应的评审，组织职业病防护设施验收，建立健全建设项目职业卫生管理制度与档案

依　据	内　容
《电力建设工程施工安全管理导则》（NB/T 10096—2018）18.1.1.2	参建单位应制定职业卫生管理制度和操作规程，制定职业病防治计划和实施方案，建立、健全职业卫生档案和劳动者健康监护档案，工作场所职业病危害因素监测及评价制度和职业病危害事故应急救援预案

2.3 施工用具管理

施工用具包括现场施工作业平台、临时用电设备、施工车辆和个体防护用具等，从施工用具入场验收、使用管理、监督检查等方面做好管控，对保障人身安全和设备设施安全具有重要意义。

2.3.1 灌浆作业平台管理

施工过程中水道灌浆量大，灌浆作业平台是水道灌浆作业常用的设备。在灌浆作业过程中，提升灌浆作业平台的安全性能，有助于保障灌浆作业人员的安全。

1. 主要风险

隧洞钻孔灌浆施工通常采用钢管扣件式脚手架搭设作业平台，主要存在以下风险：

（1）脚手架搭设、验收不规范，存在安全防护设施不到位导致作业人员高处坠落和作业平台倾覆的风险。

（2）灌浆作业过程中需对脚手架进行反复搭拆，存在高处坠落、物体打击、作业平台倾覆的风险。

2. 管控措施

针对上述风险，主要管控措施如下：

（1）采取定制化的作业台车代替传统脚手架作业平台进行钻孔灌浆作业。

（2）作业台车增加滑轮及轨道，保证作业台车可移动，避免对作业台车进行频繁搭拆。

3. 实践探索

为有效降低上述风险，采用超轻量自行式钻孔灌浆一体化作业车进行灌浆作业，具体实践探索情况如下：

在水道系统灌浆施工中推广使用超轻量自行式钻孔灌浆一体化作业车（见图2.3.1-1～图2.3.1-5）。该作业车为装配式钢结构，由行走系统、底座、竖梁、横梁、纵梁、爬梯、翼板等组成，可在预先铺设的轨道上行走，作业面转换无须反复搭拆；作业车各作业层临边防护设施完善、平台满铺、风水管定制化设计、用电线路穿管敷设，彻底解决以往灌浆施工作业平台安全防护设施缺失、各类管线敷设凌乱的问题。

图 2.3.1-1　超轻量自行式钻孔灌浆一体化作业车应用实例

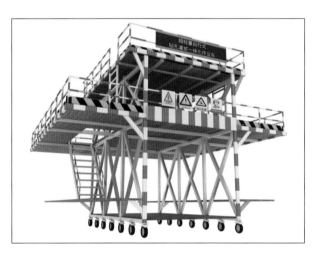
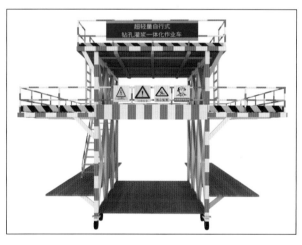

图 2.3.1-2　钻孔灌浆一体车三维图　　　图 2.3.1-3　钻孔灌浆一体车正视图

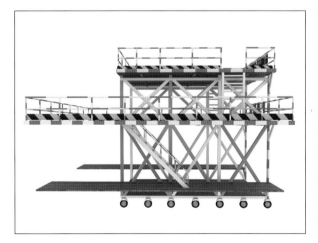
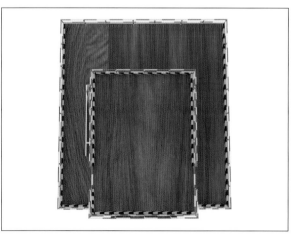

图 2.3.1-4　钻孔灌浆一体车侧视图　　　图 2.3.1-5　钻孔灌浆一体车俯视图

4.应用成效

通过采用超轻量自行式钻孔灌浆一体化作业车，确保了隧洞钻孔和灌浆连续一体化作业安全，避免了施工过程中作业平台需进行频繁搭拆，减少了作业面转换时间，提高了施工效率，有效保障了作业区域的施工环境安全和作业人员的人身安全。

5.主要依据

本案例涉及的主要参考依据见表2.3.1-1。

表 2.3.1-1　灌浆作业平台实践探索主要依据

依　　据	内　　容
《水电水利工程施工安全防护设施技术规范》（DL 5162—2013）3.2.7	各类操作平台必须根据施工荷载实际情况经设计确定
《建筑施工高处作业安全技术规范》（JGJ 80—2016）3.0.5	高处作业人员应根据作业的实际情况配备相应的高处作业安全防护用品，并应按规定正确佩戴和使用相应的安全防护用品、用具
《建筑施工高处作业安全技术规范》（JGJ 80—2016）4.1.1	坠落高度基准面2m及以上进行临边作业时，应在临空一侧设置防护栏杆，并应采用密目式安全立网或工具式栏板封闭
《建筑施工高处作业安全技术规范》（JGJ 80—2016）6.1.3	操作平台的临边应设置防护栏杆，单独设置的操作平台应设置供人上下、踏步间距不大于400mm的扶梯
《建筑施工高处作业安全技术规范》（JGJ 80—2016）6.1.4	应在操作平台明显位置设置标明允许负载值的限载牌及限定允许的作业人数，物料应及时转运，不得超重、超高堆放

2.3.2　临时施工用电管理

临时施工用电安全管理问题是电站建设中的高频问题，配电箱接线不规范、线路敷设不规范、配电箱检查不及时等问题普遍存在，且难以根治，管理难度大，重复性发生概率大，易造成触电、火灾等安全事故，是电站施工过程中安全管理的重点内容。

2.3.2.1　施工配电箱管理

施工用电配电箱管理是临时施工用电安全管理的重点，强化配电箱安全管理，推广使用本质安全型配电箱，规范配电箱接线，能有效提高施工用电安全管理水平。

1. 主要风险

工程施工现场使用的配电箱产品质量参差不齐，多为施工单位自行采购材料组装而成，主要存在以下风险：

（1）箱体材质和结构、箱体内背板、接零接地端子等部件质量差、配置不齐全，配电箱整体质量不满足规范要求，存在人员触电的风险。

（2）漏电断路器、漏电保护开关配置不满足规范要求，如漏电断路器容量不足、无可见断点，漏电保护开关剩余动作电流及动作时间不符合规范，发生漏电、短路时存在因不能及时跳闸断电导致的触电风险。

（3）未使用五芯电缆，无法布置接零保护；保护接零虚接或断开，无法有效保证保护接零线从箱变至用电设备的全程贯通；因现场环境限制，重复接地电阻值无法满足规范要求，存在因接零接地保护失效导致的触电风险。

（4）配电箱及用电设备移动频繁，导致出现大量线路拆接的工作，存在非电工私自接线等违规行为，易出现"一闸多机"等问题。

2. 管控措施

针对上述风险，主要管控措施如下：

（1）采用航空快速插接配电箱代替传统配电箱，开关箱采用航空插头连接设备端，设备使用时直接插拔取电，避免"一闸多机"、频繁接线、接线混乱等问题。

（2）选用符合规范要求的漏电断路器，配电箱设置带锁内门，上锁后仅露出漏电保护器开关部分，避免现场作业人员随意更改内部线路，降低漏电触电风险。

（3）通过技术措施监测接零保护线是否发生断路，检测断路器漏电电流，测量箱体电压。

3. 实践探索

为有效降低上述风险，具体实践探索情况如下：

（1）施工现场应用航空快速插接配电箱进行分配电（见图2.3.2-1），该配电箱出厂时已由厂家按照"三相五线制"接线方式配置好，箱内漏电保护开关的选型、线芯选型、线芯颜色（A、B、C、N、PE线分别为黄、绿、红、淡蓝、黄绿）、接线方式严格遵守TN-S接零保护系统要求（见图2.3.2-2和图2.3.2-3）。

开关箱采用航空插头连接设备端，插头与插座具备IP67防护等级，且有防水、防漏电、防割伤功能（见图2.3.2-4）。使用时只需插拔接头，操作简单，安全程度高，杜绝了私自接线行为带来的触电风险。航空电箱配备了参数显示屏，可显示回路电阻值、安全电压和泄漏电压等信息（见图2.3.2-5）。

图 2.3.2-1　航空快速插接配电箱　　　　图 2.3.2-2　配电箱内部接线展示

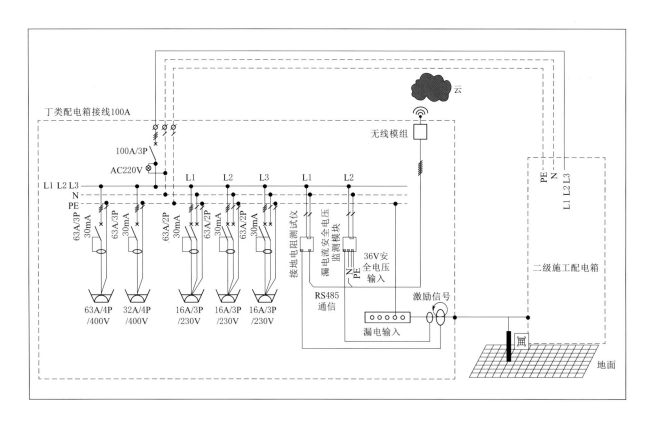

图 2.3.2-3　TN-S 接零保护系统示意图

（2）配电箱配备了带有上锁功能的内板将线路部分完全封闭，仅露出开关操作部分，内板钥匙由专业电工保管，避免了作业人员与带电部位的直接接触。通过监测模块测试箱门电压，当电压大于等于 36V 时，将启动报警装置。

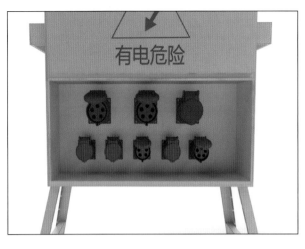

图 2.3.2-4　航空电箱插座接孔

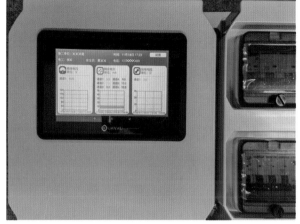

图 2.3.2-5　航空电箱参数显示屏

4.应用成效

通过项目实践证明，航空快速插接配电箱的使用可以有效降低施工用电的安全风险。相比于传统配电箱，航空快速插接配电箱配电更加方便快捷，线路布置有序美观，电源插头清晰明了，漏电保护开关使用周期更长，箱体防护效果更好。航空快速插接配电箱不仅有效消除了"一闸多机"、检查不到位、违规接线等不规范作业行为带来的安全风险，还能有效提高工作效率。

5.主要依据

本案例涉及的主要参考依据见表 2.3.2-1。

表 2.3.2-1　航空快速插接配电箱用电实践探索主要依据

依　　据	内　　容
《施工现场临时用电安全技术规范》（JGJ 46—2005）1.0.3	建筑施工现场临时用电工程专用的电源中性点直接接地的 220/380V 三相四线制低压电力系统，必须符合下列规定： 1.采用三级配电系统。 2.采用 TN-S 接零保护系统。 3.采用二级漏电保护系统
《施工现场临时用电安全技术规范》（JGJ 46—2005）8.1.3	每台用电设备必须有各自专用的开关箱，严禁用同一个开关箱直接控制 2 台及 2 台以上用电设备（含插座）
《施工现场临时用电安全技术规范》（JGJ 46—2005）8.1.10	配电箱、开关箱内的电器（含插座）应按其规定位置紧固在电器安装板上，不得歪斜和松动
《施工现场临时用电安全技术规范》（JGJ 46—2005）8.1.12	配电箱、开关箱内的连接线必须采用钢芯绝缘导线。导线分支接头不得采用螺栓压接，应采用焊接并做绝缘包扎，不得有外露带电部分
《施工现场临时用电安全技术规范》（JGJ 46—2005）8.1.17	配电箱、开关箱外形结构应能防雨、防尘

2.3.2.2 电缆敷设管理

电站建设作业现场电缆敷设需考虑跨路、沿脚手架、金属构筑物敷设等各种情况，根据所处环境不同需采用不同的电缆保护措施，以防止电缆损坏对作业人员造成触电伤害。

1. 主要风险

电站建设施工过程中，施工环境复杂，现场电线电缆数量多、分布范围广，电缆不可避免地处在高温、潮湿、振动大、粉尘多或强电磁干扰的恶劣环境中，使用过程中若出现防挤压、碰撞、浸泡措施不到位和线路敷设不规范等问题，主要存在以下风险：

（1）电缆绝缘层因踩踏、挤压或碰撞损坏，水汽进入电缆内部易发生漏电和短路，存在触电、火灾的风险。

（2）施工电缆由于外界应力、腐蚀性物质等因素影响，易造成线路磨损、腐蚀使绝缘层损坏等问题，存在触电的风险。

（3）电缆线路敷设凌乱、缠绕混杂，影响电缆散热，易导致热量积聚，电缆温度升高，严重时会因发热而引起燃烧，存在火灾的风险。

2. 管控措施

针对上述风险，主要管控措施如下：

（1）设置专门的电缆敷设通道，对电缆进行挂设或架设，避免电缆因泡水、挤压、碰撞造成损坏导致的触电安全风险。对于因施工环境限制须跨路敷设的电缆，采取防碾压措施，避免电缆被碾压导致绝缘层破损发生触电的风险。

（2）对多电缆进行分层敷设，电缆线路之间保持一定的距离，可有效避免因各种不同类型电缆缠绕混杂而产生的聚热现象。

（3）当电缆敷设在易腐蚀环境、金属构筑物上或需接触尖锐物体时，对电缆线路加装套管进行保护，提高电缆防护能力，降低电缆因外力作用导致损坏或漏电的可能性。

3. 实践探索

为有效降低上述风险，采用矿用绝缘挂钩、电缆支架、压线槽等设施规范现场电缆敷设，具体实践探索情况如下：

（1）在现场采用矿用绝缘挂钩，挂钩的尺寸根据电缆直径大小进行确定，挂钩按照一定间距均匀敷设于隧道壁面，挂设高度满足规范要求，电缆分层敷设于绝缘挂钩上（见图2.3.2-6）。伸缩电缆挂钩可采用10号钢丝绳并穿足够数量的瓷瓶后进行敷设，将电缆固定于瓷瓶上，通过瓷瓶在钢丝绳上滑动来实现电缆自动伸缩（见图2.3.2-7）。

（2）在工程施工现场采用优质PVC复合玻璃钢电缆支架，电缆整齐地布置于三角支架上，避免电缆沿地面明敷（见图2.3.2-8和图2.3.2-9）。

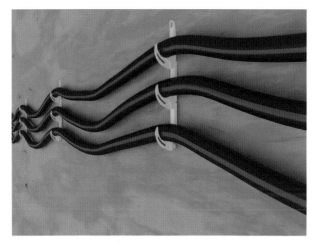

图 2.3.2-6 矿用绝缘挂钩应用

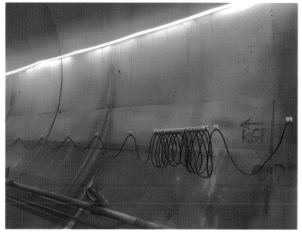

图 2.3.2-7 洞室伸缩电缆布置示例

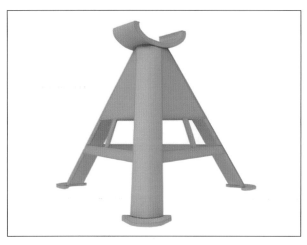

图 2.3.2-8 电缆三角支架三维图

图 2.3.2-9 电缆三角支架应用实例

（3）采用橡胶PVC防碾压线槽，可对跨路敷设的电缆实施有效保护（见图2.3.2-10～图2.3.2-12）。

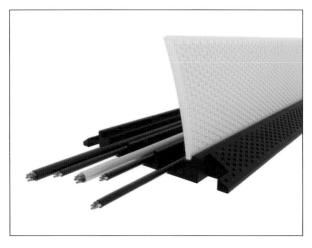

图 2.3.2-10 电缆防护槽电缆防护示意图

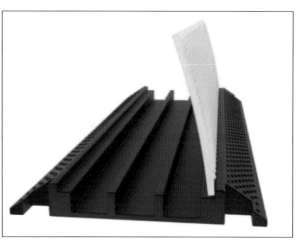

图 2.3.2-11 电缆防护槽内部示意图

（4）使用具有绝缘、抗腐蚀、耐老化、重量轻等特点的塑料材质波纹管作为施工用电线路的保护外套，可有效防止电缆因摩擦、碰撞、振动等外界应力、酸雨等外界腐蚀性物质所引起的电缆绝缘层损坏失效的问题（见图2.3.2-13）。

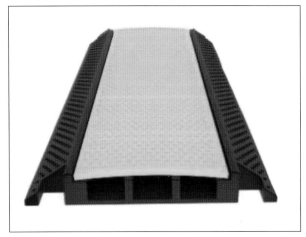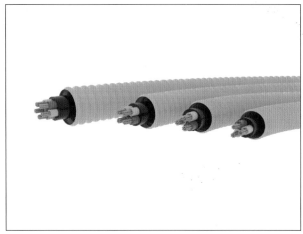

图 2.3.2-12　电缆防护槽外观示意图　　　　图 2.3.2-13　波纹管应用示例

4.应用成效

通过实践证明，根据现场施工场景合理地选择电缆绝缘挂钩、电缆绝缘支架、橡胶PVC防碾压线槽和伸缩电缆挂钩等电缆保护措施，可有效解决电缆线路敷设不规范的问题，降低因外力伤害、浸泡、腐蚀导致的电缆损坏从而引发的触电、火灾等风险。

5.主要依据

本案例涉及的主要参考依据见表2.3.2-2。

表 2.3.2-2　电缆敷设管理实践探索主要依据

依　据	内　容
《建设工程施工现场供用电安全规范》（GB 50194—2014）7.1.2	配电线路的敷设方式应符合下列规定： 1.应根据施工现场环境特点，以满足线路安全运行、便于维护和拆除的原则来选择，敷设方式应能够避免受到机械性损伤或其他损伤。 2.供用电电缆可采用架空、直埋、沿支架等方式进行敷设。 3.不应敷设在树木上或直接绑挂在金属构架和金属脚手架上。 4.不应接触潮湿地面或接近热源
《建设工程施工现场供用电安全规范》（GB 50194—2014）7.4.1	以支架方式敷设的电缆线路应符合下列规定： 1.固定点间距应保证电缆能承受自重及风雪等带来的荷载。 2.电缆线路应固定牢固，绑扎线应使用绝缘材料。 3.沿构、建筑物水平敷设的电缆线路，距地面高度不宜小于2.5m
《水电水利工程施工安全防护设施技术规范》（DL 5162—2013）3.8.4	施工用电线路架设使用应符合以下要求： 1.施工供电线路应架空敷设，其高度不应低于5.00m，并满足电压等级安全要求。

依　据	内　容
《水电水利工程施工安全防护设施技术规范》（DL 5162—2013）3.8.4	2.线路穿越道路或易受机械损伤的场所时应设有套管防护。管内不得有接头，其管口应密封。 3.在构筑物、脚手架上安装用电线路，应设有专用的横担与绝缘子等。 4.作业面的用电线高度不低于2.50m。 5.井、洞内敷设的用电线路应采用横担与绝缘子沿井（洞）壁固定。 6.架空线导线应采用绝缘铜线或绝缘铝线，截面的选择应满足用电负荷要求。 7.跨越铁路、公路、河流、电力线路档距内的架空绝缘线铝线截面应不小于25mm²
《施工现场临时用电安全技术规范》（JGJ 46—2005）7.2.3	电缆线路应采用埋地或架空敷设，严禁沿地面明设，并应避免机械损伤和介质腐蚀。埋地电缆路径应设方位标志
《施工现场临时用电安全技术规范》（JGJ 46—2005）7.2.9	架空电缆应沿电杆、支架或墙壁敷设，并采用绝缘子固定，绑扎线必须采用绝缘线，固定点间距应保证电缆能承受自重所带来的荷载，敷设高度应符合本规范第7.1节架空线路敷设高度的要求，但沿墙壁敷设时最大弧垂距地不得小于2.0m
《施工现场临时用电安全技术规范》（JGJ 46—2005）7.3.2	室内配线应根据配线类型采用瓷瓶、瓷（塑料）夹、嵌绝缘槽、穿管或钢索敷设。 潮湿场所或埋地非电缆配线必须穿管敷设，管口和管接头应密封；当采用金属管敷设时，金属管必须做等电位连接，且必须与PE线相连接

2.3.3　交通安全管理

电站建设过程中施工道路路况复杂多变，车辆往来频繁，为切实提高现场交通安全管理水平，加强现场车辆和驾驶人员日常管理，引入雷达测速系统、车辆智能监控系统和自动感应红绿灯等安全措施，达到预防和减少交通事故的目的。

1.主要风险

电站建设场地均为山区，施工道路盘山而建，路况复杂多变，地下洞室、交叉路口及单车道较多，且各类通勤、工程车辆来往频繁。主要存在以下风险：

（1）驾驶员在弯道、交叉路口部位超速行驶，容易与对向行驶车辆、出路口车辆发生碰撞，存在发生交通事故的风险。

（2）载重车辆超速行驶，可能导致车辆在弯道刹车不及时或在连续下坡路段刹车疲软或失效，存在车辆侧翻、货物掉落造成人员伤亡及设备损坏的风险。

（3）驾驶员在驾驶中使用手机、抽烟、不系安全带、超速驾驶、疲劳驾驶、酒后驾驶等不安全行为，存在发生交通事故的风险。

（4）地下厂房洞室群内各分支岔洞较多，岔路口因视野受限，存在车辆碰撞或交通堵塞的风险。

（5）单车道会车点距离较远，对向行驶的车辆同时驶入单车道，需倒车进行避让，存在发生交通事故或交通堵塞的风险。

2.管控措施

针对上述风险，主要管控措施如下：

（1）在现场安装雷达测速系统，实时监测过往车辆的行驶速度。

（2）测速点设置电子反馈屏，及时向驾驶员反馈车辆实时车速。

（3）施工车辆安装智能GPS监控系统，自动识别并标定驾驶员违规行为，同时配套相应处罚机制，对违规驾驶员进行教育和处罚。

（4）在地下洞室群各交叉路口和单车道前后安装自动感应交通信号灯，实现对来往车辆的通行指挥和交通疏导功能。

3.实践探索

为有效降低上述风险，提高电站建设交通安全管理水平，具体实践探索情况如下：

（1）现场安装雷达测速系统对测速路段的过往车辆行驶速度进行实时监测（见图2.3.3-1），准确监控并详细记录超速车辆通过时间、限速值、实际速度值、超速百分比等数据（见图2.3.3-2），依据监测结果对超速驾驶的车辆驾驶员进行违章教育和处罚，有效起到警示效果。同时通过雷达测速反馈屏自动提示过往车辆的速度信息，并以不同的颜色提示司机是否超速。

图2.3.3-1　车辆行驶速度监测　　　　　图2.3.3-2　车辆违章抓拍

（2）在所有工程车辆上安装监控摄像头和传感器，用于实时监测驾驶员的驾驶行为，结合智能AI系统判定驾驶员是否存在违规行为，及时提醒驾驶员规范驾驶。

（3）设置违规驾驶报警系统，当驾驶员出现疲劳驾驶、抽烟、打电话、超速、不系安全带等不安全行为时，设备会自动播报语音提醒驾驶员规范驾驶行为，并将违规行为拍照上传到监控中心，为系统开展交通安全管理提供数据支撑。

（4）在地下洞室群各交叉路口部位安装压感式交通信号灯（见图2.3.3-3），自动设置地下洞室主洞为长期通行状态（绿灯），当支洞中有车辆行驶至地感传感器时，地感传感器将压力信号传输至信号处理模块，对交通信号灯进行调控。主洞的红绿灯变为红灯、支洞的红绿灯变为绿灯，倒数10s后恢复原状，实现对来往车辆的自动指挥、疏导功能。目前该交通信号灯已广泛应用于地下厂房交通洞及各施工支洞路口。

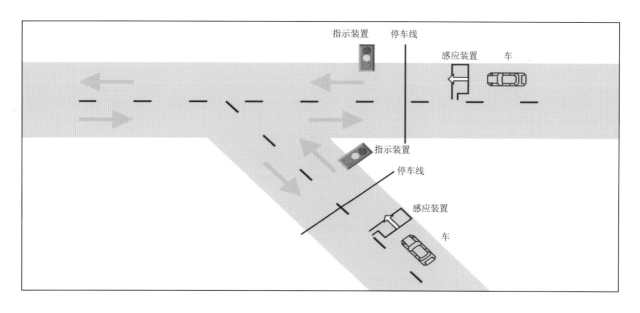

图 2.3.3-3　交叉路口进出口自动感应交通信号灯现场示意图

（5）在单车道的进出口设置压感式交通信号灯（见图2.3.3-4）。车1从左驶入单车道入口时，车2从右驶入。感应装置2检测到有车经过，判断车行驶方向是从左到右，如果此时单车道没有车，则发送允许通行信息给指示装置2，如果此时单车道上还有车，则等待车辆通行后，再发送允许通行信息给指示装置2，如果出现左侧一直有车辆驶入，连续通行超过一定时间，则设置指示装置1为禁止通行，等待单车道车辆全部驶出单车道，发送允许通行信息给指示装置2，车辆通行等待时间根据实际情况配置，也可以在停车线和指示装置之间增加感应设备来精确判断驶入车辆数和驶出车辆数。

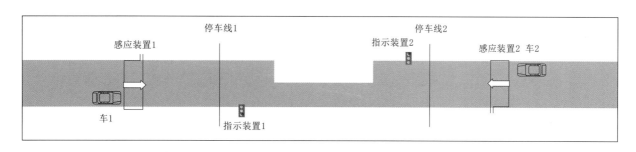

图 2.3.3-4　单车道进出口自动感应交通信号灯现场示意图

4.应用成效

通过采用雷达测速系统、车辆智能视频GPS监控及道口自动感应红绿灯，实时、准确地监测车辆行驶速度等参数，及时发现、纠正超速违章行为，改善了驾驶员的驾驶习惯，减少了驾驶员驾驶过程中的不安全行为，有效降低了交通安全事故发生的概率。

5.主要依据

本案例涉及的主要参考依据见表2.3.3-1。

表 2.3.3-1　交通安全管理实践探索主要依据

依　据	内　容
《中华人民共和国道路交通安全法》（中华人民共和国主席令第八十一号）第八条	国家对机动车实行登记制度。机动车经公安机关交通管理部门登记后，方可上道路行驶。尚未登记的机动车，需要临时上道路行驶的，应当取得临时通行牌证
《中华人民共和国道路交通安全法》（中华人民共和国主席令第八十一号）第二十二条	机动车驾驶人应当遵守道路交通安全法律、法规的规定，按照操作规范安全驾驶、文明驾驶。 饮酒、服用国家管制的精神药品或者麻醉药品，或者患有妨碍安全驾驶机动车的疾病，或者过度疲劳影响安全驾驶的，不得驾驶机动车。 任何人不得强迫、指使、纵容驾驶人违反道路交通安全法律、法规和机动车安全驾驶要求驾驶机动车
《中华人民共和国道路交通安全法》（中华人民共和国主席令第八十一号）第二十五条	交通信号灯、交通标志、交通标线的设置应当符合道路交通安全、畅通的要求和国家标准，并保持清晰、醒目、准确、完好
《中华人民共和国道路交通安全法》（中华人民共和国主席令第八十一号）第四十二条	机动车上道路行驶，不得超过限速标志标明的最高时速
《中华人民共和国道路交通安全法》（中华人民共和国主席令第八十一号）第四十三条	同车道行驶的机动车，后车应当与前车保持足以采取紧急制动措施的安全距离。有下列情形之一的，不得超车： 1.前车正在左转弯、掉头、超车的。 2.与对面来车有会车可能的。 3.前车为执行紧急任务的警车、消防车、救护车、工程救险车的。 4.行经铁路道口、交叉路口、窄桥、弯道、陡坡、隧道、人行横道、市区交通流量大的路段等没有超车条件的
《中华人民共和国道路交通安全法》（中华人民共和国主席令第八十一号）第四十四条	机动车通过交叉路口，应当按照交通信号灯、交通标志、交通标线或者交通警察的指挥通过；通过没有交通信号灯、交通标志、交通标线或者交通警察指挥的交叉路口时，应当减速慢行，并让行人和优先通行的车辆先行

2.3.4　个人防护用品管理

个人防护用品是保护劳动者在劳动过程中的安全和健康所必需的预防性装备，通过阻隔、吸收、分散、封闭等手段，保护劳动者免受外来侵害，防止或减少工伤和职业病的发生。

1. 主要风险

电站项目建设过程中施工作业环境复杂，涉及较多高处作业，同时现场存在通风不良、噪声较大等作业环境缺陷，主要存在以下风险：

（1）因作业环境复杂，高处作业人员缺少可靠的安全带挂点、人员双重保护难以满足，存在高处坠落的风险。

（2）有限空间作业较多，存在通风不良导致中毒窒息的风险。

（3）洞室开挖和钻孔作业较多，钻孔时产生大量噪声、粉尘、振动，存在听力受损、尘肺病等危害。

（4）焊接作业较多，作业过程中产生焊接弧光和火花，存在烫伤、金属烟尘、有害气体及电弧光辐射的风险。

2. 管控措施

针对上述风险，主要管控措施如下：

（1）使用速差自控器配合安全带使用，防止人员高处坠落。

（2）在可能产生毒物危害的作业场所配备防毒面具等个人防护用品。

（3）在洞内进行钻孔作业或者进出噪声较大的场所时佩戴防护耳塞。

（4）在进行焊接作业时佩戴符合规范要求的电焊防护面罩。

3. 实践探索

为有效降低上述风险，做好施工中的个人防护，具体实践探索情况如下：

承包商根据工作环境和工种，组织制定《个人防护用品配置标准》，安排专人负责管理，建立《个人防护用品管理台账》，根据岗位发放个人防护用品，发现损坏或达到使用有效期时及时更换并更新台账。主要防护用品如下：

（1）速差自控器。速差自控器又称防坠器（见图2.3.4-1），是适用于高空作业人员预防高处坠落的一种保护工具。为确保高处作业的施工安全，应严格要求高处作业人员佩戴经检查合格的防坠器，根据高空作业的现场条件，选用不同规格长度的速差自控器，防止高处坠落事故。

（2）防护耳塞。为降低作业场所噪声对施工人员的影响及危害，要求执行洞室开挖钻孔等项目的作业人员佩戴质量合格的防护耳塞（见图2.3.4-2），防止作业人员发生听觉器官损伤、耳鸣、耳痛等职业病，确保施工效率和安全。

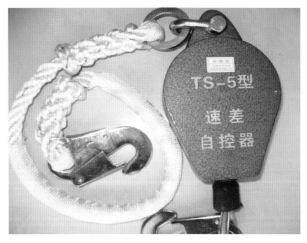

图 2.3.4-1　速差自控器示意图　　　　　图 2.3.4-2　防护耳塞

（3）防毒面具。正压式呼吸器、防毒面具（见图2.3.4-3和图2.3.4-4）的使用可以避免地下洞室开挖、钻孔时有毒有害气体危害作业人员。根据作业场所危害因素选择过滤式防毒面具或隔绝式防毒面具。

图 2.3.4-3　正压式呼吸器　　　　　　图 2.3.4-4　过滤式防毒面具

（4）电焊防护面罩。为防止焊工受到焊接弧光和火花烫伤的危害，选用符合作业条件的电焊防护面罩。电焊防护面罩有手持式和头戴式两种（见图2.3.4-5和图2.3.4-6），罩体应遮住脸面和耳部，结构牢靠，无漏光。

4.应用成效

通过为作业人员配备个人防护用品，有效降低了高处坠落、中毒窒息、噪声危害、电焊伤害等风险，切实保障了作业人员的人身安全和身体健康。

5.主要依据

本案例涉及的主要参考依据见表2.3.4-1。

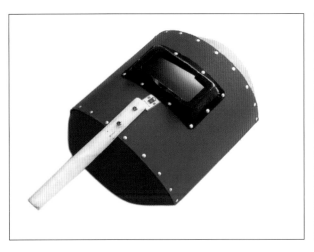

图 2.3.4-5　手持式电焊防护面罩　　　　　图 2.3.4-6　头戴式电焊防护面罩

表 2.3.4-1　个人防护用品管理实践探索主要依据

依　　据	内　　容
《水电水利工程施工安全防护设施技术规范》（DL 5162—2013）3.9.4	易产生毒物危害的作业场所，应采用无毒或低毒的原材料及生产工艺或通风、净化装置或采取密闭等措施，毒物排放应符合GBZ2.1的规定，并配有足量的防毒面具等防护用品
《水电水利工程施工通用安全技术规程》（DL/T 5370—2017）4.1.2	进入施工区域的人员应遵守施工现场安全生产管理规定，正确使用安全防护用品
《电力建设工程施工安全管理导则》（NB/T 10096—2018）18.2.1.4	参建单位应当督促、指导劳动者按照使用规则正确佩戴、使用；对职业病防护用品进行经常性的维护、保养，确保防护用品有效
《建筑施工高处作业安全技术规范》（JGJ 80—2016）3.0.5	高处作业人员应根据作业的实际情况配备相应的高处作业安全防护用品，并应按规定正确佩戴和使用相应的安全防护用品、用具

2.4　作业环境管理

电站建设施工过程中作业环境复杂多变，通过控制生产作业环境危害因素，可改善环境与人、环境与设备的相互关系，使环境对人更友好、对设备更适宜。

2.4.1　施工照明管理

在以往地下洞室使用的施工灯具大多存在配光质量不够、安全性能低、能耗高、布设难度大、照明供电电压高等问题，LED灯带具有能耗低、布设灵活、供电电压低等特点，可有效改善洞内照明条件，照明电压等级满足规范要求。

1.主要风险

电站建设夜间施工多、地下洞室群施工量大，照明设施点多面广，主要存在以下风险：

（1）传统白炽灯作为地下洞室照明设备时效果不佳，导致施工现场照明条件差、能见度不足，存在施工作业误操作及车辆交通安全风险。

（2）地下洞室施工期间，由于照明电缆线路长度不足，通常采用接驳的方式进行接线，容易造成接头处裸露，存在触电风险。

2. 管控措施

针对上述风险，主要管控措施如下：

（1）采用LED灯带改善施工作业现场的照明。

（2）洞室照明系统采用安全电压进行供电。

3. 实践探索

为有效降低上述风险，在地下洞室施工过程中采用LED照明灯带进行照明，具体实践探索情况如下：

（1）在隧洞内布设LED照明灯带（见图2.4.1-1）。LED灯带具有照度高、灵活布设等特点，可明显改善作业现场照明条件，根据现场布设需要，可示意隧洞、施工作业台车等物体轮廓，避免发生碰撞事故。

（2）为降低因照明系统供电漏电导致触电事故发生的可能性，解决夜间和潮湿环境下照明用电的安全问题，采用低压行灯变压器将220V电压降压至安全电压，降低人员触电的风险。

图 2.4.1-1　隧洞 LED 照明灯带应用实例

4. 应用成效

施工现场推行LED照明和使用低压行灯变压器，能有效降低因照明用电系统漏电、潮湿环境带来的触电安全风险。LED照明灯带应用于电站地下洞室施工照明，有效改善了照明环境，解决了作业面照度不足的问题。

5.主要依据

本案例涉及的主要参考依据见表2.4.1-1。

表 2.4.1-1　施工照明实践探索主要依据

依　据	内　容
《水电水利工程施工通用安全技术规程》（DL/T 5370—2017）5.5.9	现场照明宜采用高光效、长寿命、光源的显色性满足施工要求的照明光源
《水电水利工程施工通用安全技术规程》（DL/T 5370—2017）5.5.10	一般场所宜选用额定电压为220V的照明器。对下列特殊场所应使用安全电压照明器： 1.地下工程，有高温、导电灰尘，且灯具离地面高度低于2.5m等场所的照明，电源电压应不大于36V。 2.在潮湿和易触及带电体场所的照明电源电压不得大于24V。 3.在特别潮湿的场所、导电良好的地面、锅炉或金属容器内工作的照明电源电压不宜大于12V
《水工建筑物地下工程开挖施工技术规范》（DL/T 5099—2011）13.3.3	洞室开挖、支护工作面的工作灯，应采用36V或24V。照明灯具的选择，在满足照明度要求下，宜选用节能灯。使用投光灯照明，可用220V，但应经常检查灯具和电缆的绝缘性能；竖井、斜井及导洞工作面应采用36V或24V照明
《水工建筑物地下工程开挖施工技术规范》（DL/T 5099—2011）13.3.7	竖井及斜井工作面照明度不低于50Lx
《施工现场临时用电安全技术规范》（JGJ 46—2005）10.2.2	1.隧道、人防工程、高温、有导电灰尘、比较潮湿或灯具离地面高度低于2.5m等场所的照明，电源电压不应大于36V。 2.潮湿和易触及带电体场所的照明，电源电压不得大于24V
《施工现场临时用电安全技术规范》（JGJ 46—2005）10.2.5	照明变压器必须使用双绕组型安全隔离变压器，严禁使用自耦变压器

2.4.2　施工通道布置

施工通道是保障作业人员通往作业面的重要安全设施。在高处作业、高边坡、深基坑等缺少安全通行条件的作业环境，合理布置施工通道是解决施工作业人员安全可靠通行的必要措施。

1.主要风险

电站项目建设施工时，施工通道搭设或验收不规范，主要存在以下风险：

（1）临时楼梯搭设工序不规范，稳定性不足，构件质量性能差，存在倾覆、高处坠落的风险。

（2）大坝施工过程中，坝顶临空作业面若缺少可靠的施工通道，通行人员存在高处坠落的风险。

（3）高处、临空作业所用爬梯、平台等空间布置不符合要求，缺乏安全可靠的防护装置，作业人员上下楼梯时容易出现碰撞、滑倒、坠落等安全问题，另外挡脚板的缺失会引发物体打击的风险。

2.管控措施

针对上述风险，主要管控措施如下：

（1）登高作业采用固定式楼梯进行上下，根据规范要求进行设计，满足稳定性和荷载要求，选用性能可靠的材料且设有防滑措施，临边侧栏杆底部装设挡脚板。

（2）大坝翻转大模板设置带翻板通道的脚手板及爬梯，形成贯通上下的整体通道，背架外侧采用安全网进行封闭处理，避免高处坠落事件发生。

（3）采用安全性更高、稳定性更强、防护能力更好的安全梯笼代替原有爬梯、临时楼梯作为施工通道，降低施工作业过程中发生高处坠落、物体打击、爬梯倾覆等事故发生的概率。

3.实践探索

为有效降低上述风险，为作业人员提供安全通行条件，采取跨越式安全楼梯、安全梯笼等措施提高现场施工通道的安全性，具体实践探索情况如下：

（1）跨越式安全楼梯。跨越式安全楼梯通道布置于有障碍或高空须跨越部位，并采取防倾倒安全措施，两侧栏杆按照安全栏杆标准制作，平台根据实际情况和荷载进行设计制作，结合现场危险因素张贴安全警示牌（见图2.4.2-1）。

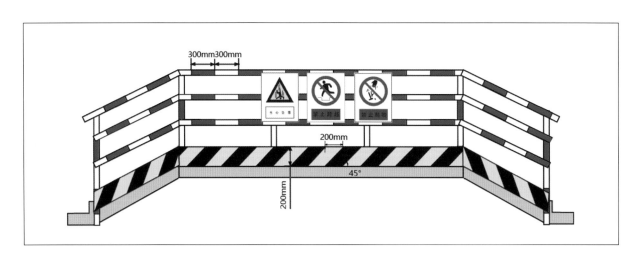

图 2.4.2-1 跨越式安全楼梯通道效果图

（2）上下安全楼梯。上下安全楼梯主要布置于人员需要上下通行的区域，楼梯结构按规范专项设计，户外使用时采取防强风安全措施。楼梯踏步带有防滑措施，防护栏杆底部装设挡脚板。挡脚板涂刷黄黑相间的油漆，防护栏杆涂刷红白相间的油漆（见图2.4.2-2和图2.4.2-3）。

图 2.4.2-2　上下安全楼梯示意　　　　图 2.4.2-3　上下安全楼梯实例

（3）安全梯笼。为消除地下厂房临时爬梯、临时楼梯搭拆存在的诸多不足，采用安全梯笼作为施工通道。安全梯笼为框架式组合结构，使用高强螺栓连接，每个单元内配置楼梯及扶手，四周设有安全防护网，整体稳定性和防护性较好。此外，安全梯笼灵活性高，可根据施工进度调整爬梯高度，满足施工需求（见图2.4.2-4和图2.4.2-5）。

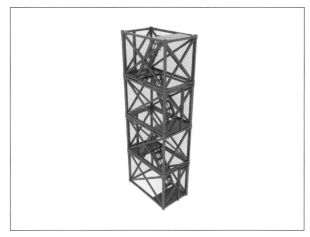

图 2.4.2-4　安全梯笼二维图　　　　图 2.4.2 5　安全梯笼应用实例

（4）大坝人行通道。大坝坝顶至地下作业面设置人行通道，通道踏板及防护栏杆采用符合要求的铝合金不锈钢材料。通道防护栏杆两侧悬挂"禁止倚靠""禁止翻越""临边危险"等安全警示牌，并安装符合安全电压的照明灯带（见图2.4.2-6和图2.4.2-7）。

（5）移动式楼梯。地下厂房安装间采用移动式楼梯作为机电设备安装的通道，根据现场施工作业高度，配备不同高度的标准移动式楼梯。此类楼梯下部安装有带锁止功能的万向轮，上部设有带临边防护栏杆的操作平台，满足现场作业需求（见图2.4.2-8和图2.4.2-9）。

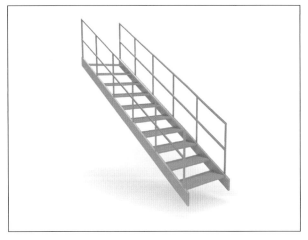

图 2.4.2-6 坝体人行通道三维图

图 2.4.2-7 坝体人行通道应用实例

图 2.4.2-8 移动式楼梯三维图

图 2.4.2-9 移动楼梯实例

（6）垂直钢爬梯。固定式垂直钢爬梯主要布置于坡度大于75°以上的场所或部位，护笼底部距梯段下端基准面不小于2100mm、不大于3000mm，横梁下方设置黄黑相间防撞警示线（见图2.4.2-10和图2.4.2-11）。

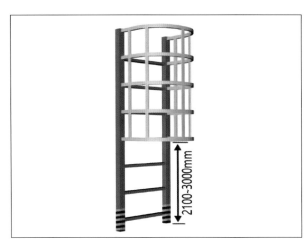

图 2.4.2-10 钢爬梯效果图

图 2.4.2-11 钢爬梯实例

（7）翻转大模板安全通道。大坝碾压混凝土施工的翻转模板背架外侧均采用安全网进行封闭处理，为充分考虑作业人员上下、行走的安全，对脚手板和模板背板进行改造，设置带翻板的脚手板及爬梯，形成贯通上下的安全通道（见图2.4.2-12）。

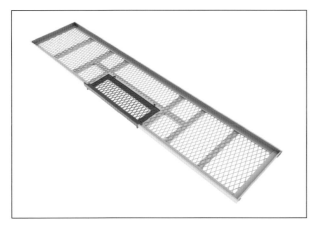 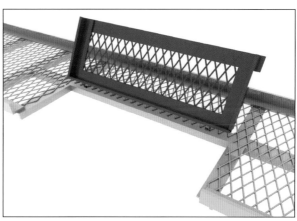

图 2.4.2-12　翻转钢网脚手板三维图

4. 应用成效

根据施工作业环境，通过在相应的作业区域设置各类安全楼梯作为施工通道，改善了作业人员通行条件，提高了施工的安全性和施工效率，有效降低了作业过程中物体打击、高处坠落的风险。

5. 主要依据

本案例涉及的主要参考依据见表2.4.2-1。

表 2.4.2-1　施工通道布置实践探索主要依据

依　据	内　容
《固定式钢梯及平台安全要求》（GB 40531—2009）5.7.6	护笼底部距梯段下端基准面应不小于2100mm，不大于3000mm。护笼的底部宜呈喇叭形，此时其底部水平笼箍和上一级笼箍间在圆周上的距离不小于100mm
《水电水利工程施工安全防护设施技术规范》（DL 5162—2013）3.2.1	高处作业面的临空边沿，必须设置安全防护栏杆。在悬崖、陡坡、杆塔、坝块、脚手架以及其他高处危险边沿进行悬空高处作业时，临边必须设置防护栏杆，并应根据施工具体情况，挂设水平安全网或设置相应的吊篮、吊笼、平台等设施。作业人员应佩戴安全带、安全绳等个体防护用品
《水电水利工程施工安全防护设施技术规范》（DL 5162—2013）3.3.2	高处施工通道的临边必须设置高度不低于1.2m的安全防护栏杆。当临空边沿下方有人作业或通行时，还应封闭底板，并在安全防护栏杆下部设置高度不低于0.20m的挡脚板
《水电水利工程施工安全防护设施技术规范》（DL 5162—2013）3.3.3	排架、井架、施工用电梯、大坝廊道及隧洞等出入口和上部有施工作业的通道，应设有防护棚，其长度应超过可能坠落范围，宽度不应小于通道的宽度

续表

依　据	内　容
《水电水利工程施工安全防护设施技术规范》（DL 5162—2013）8.1.3	大型模板加工与安装应符合以下规定： 1.应设有专用吊耳。 2.应设宽度不小于0.40m的操作平台或走道，其临空边缘设有钢防护栏杆。 3.高处作业安装模板时，模板的临空面下方应悬挂水平宽度不小于2.00m的安全网
《水电水利工程施工通用安全技术规程》（DL/T 5370—2017）6.4.9	钢扶梯梯梁宜采用工字钢或槽钢；踏脚板宜采用外径不小于20mm钢筋、扁铁与小角钢；扶手宜采用外径不小于30mm的钢管。焊接制作安装应牢固可靠。钢扶梯宽度不宜小于0.8m，踏脚板宽度不宜小于0.1m、间距以0.3m为宜。钢扶梯的高度大于8m时，宜设梯间平台，分段设梯
《水电水利工程土建施工安全技术规程》（DL/T 5371—2017）7.3.2	大模板的安全技术要求： 1.各种类型的大模板，应按设计制作，每块大模板上应设有操作平台、上下通道、防护栏杆以及存放小型工具和螺栓的工具箱。 2.放置大模板前，应进行场内清理。长期存放应用绳索或拉杆连接牢固。 3.未加支撑或自稳角不足的大模板，不应倚靠在其他模板或构件上，应卧倒平放。 4.安装和拆除大模板时，起重机司机、指挥、挂钩和装拆人员应在每次作业前检查索具、吊环。严禁操作人员随大模板起落。 5.大模板安装就位后，应焊牢拉杆、固定支撑。未就位固定前，不应摘钩，摘钩后不应再行撬动；如需调正撬动时，应重新固定。 6.在大模板吊运过程中，起重设备操作人员不应离岗。模板吊运过程应平稳流畅，不应将模板长时间悬置空中。 7.拆除大模板，应先挂好吊钩，然后拆除拉条和连接件。拆模时，不应在大模板或平台上存放其他物件
《水电水利工程施工作业人员安全操作规程》（DL/T 5373—2017）9.2.2	安装模板前，应检查模板、支撑等构件，并确认符合专项施工方案规定的安全要求

2.4.3　临边孔洞防护

电站建设过程中，存在大量临边、孔洞危险部位，易发生因安全防护设施跟进不及时，导致高处坠落、物体打击隐患增大。

1.主要风险

电站建设过程中在临边、孔洞周围施工，主要存在以下风险：未采取有效的安全防护措施或措施设置不合理，存在高处坠落和物体打击的风险。

2. 管控措施

针对上述风险，主要管控措施如下：

（1）临边部位设置标准化的安全防护栏杆和防护网，防止高处坠落和物体打击。

（2）根据孔洞大小按规范要求设置相对应的安全防护设施。

（3）临边部位、孔洞危险区域设置安全标志和夜间警示。

3. 实践探索

为有效降低上述风险，做好现场的临边、孔洞防护，具体实践探索情况如下：

（1）临边防护。在厂房高处临边部位、施工平台、人行通道、电梯口、闸门槽等临空的危险场所布置固定式安全防护栏杆（见图2.4.3-1～图2.4.3-5），防护栏杆与安全标志牌配合使用，悬挂或张贴"当心坠落""禁止抛物""禁止跨越"等标志牌。

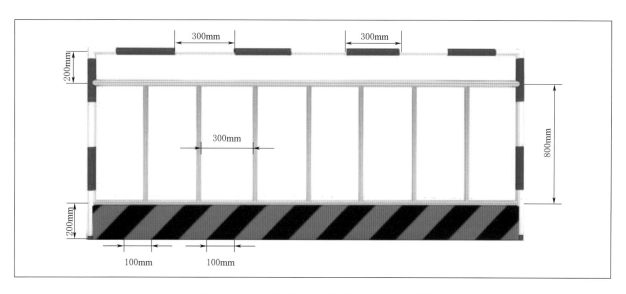

图 2.4.3-1 固定式安全防护栏杆结构及尺寸三维图（样式1）

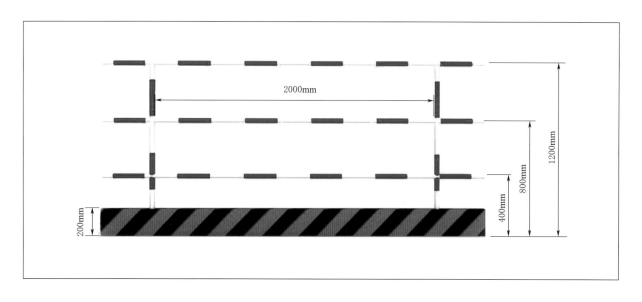

图 2.4.3-2 固定式安全防护栏杆结构及尺寸三维图（样式2）

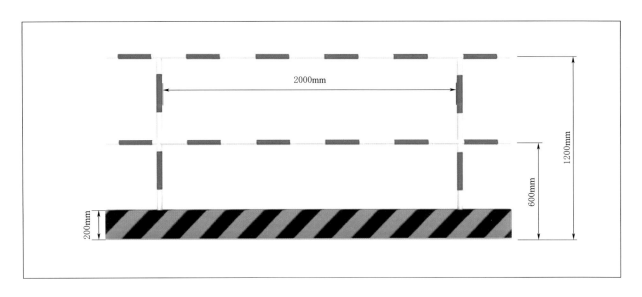

图 2.4.3-3　固定式安全防护栏杆结构及尺寸三维图（样式 3）

图 2.4.3-4　固定式安全防护栏杆

图 2.4.3-5　栈桥临边护栏

当临空边沿下方有人作业或通行时，在防护栏杆下部设置高度不低于200mm的踢脚板；长度小于10m的防护栏杆，两端设有斜杆；长度大于10m的防护栏杆，每10m段至少设置一对斜杆，斜杆材料尺寸与横杆相同，并与立杆、横杆焊接或绑扎牢固。

（2）孔洞防护。

1）孔洞围栏。孔洞围栏（见图2.4.3-6和图2.4.3-7）主要布置于洞口直径或边长大于1m的孔洞临边处，与警示牌、企业标志、标语等配合使用。隔离围栏结构型式参考安全栏杆标准制作，孔洞部位张拉安全网。

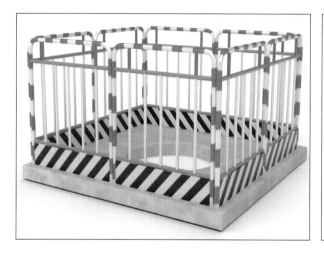

图2.4.3-6 临时性孔洞围栏三维示意图

图2.4.3-7 永久性孔洞围栏应用实例

2）孔洞盖板。孔洞盖板主要布置于直径或边长小于1m的孔洞上部。地下厂房电缆管线预留孔洞防护和球阀吊物孔洞防护要求按设计要求实施。

孔洞防盖板护根据孔洞实际情况确定，盖板直径超出孔洞直径200mm并设有固定措施防止移动。孔洞盖板采用钢板制作，刷黄黑相间的油漆（见图2.4.3-8～图2.4.3-11）。

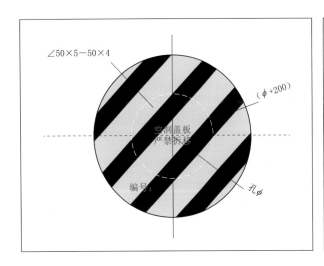
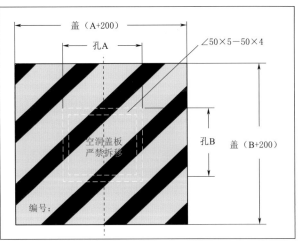

图 2.4.3-8　圆形和方形盖板尺寸示例

图 2.4.3-9　孔洞盖板实例

图 2.4.3-10　孔洞盖板区域标准化管理

图 2.4.3-11　孔洞安全网实例

4.应用成效

标准化临边、孔洞安全防护设施的应用，提高了现场安全文明施工形象面貌，有效降低了临边、孔洞危险部位高处坠落和物体打击的风险，为作业人员创造了安全、良好的作业环境。

5.主要依据

本案例涉及的主要参考依据见表2.4.3-1。

表 2.4.3-1　临边孔洞防护实践探索主要依据

依　据	内　容
《水电水利工程施工通用安全技术规程》（DL/T 5370—2017）6.1.2	道路、通道、洞、孔、井口、高出平台边缘等临空、临边部位应设置安全防护栏杆，防护栏杆结构应由上、中、下三道横杆和栏杆柱组成，高度不低于1.2m，柱间距应不大于2.0m，栏杆底部应设置高度不低于0.2m的挡脚板。栏杆结构及基础等应满足设计技术要求
《建筑施工高处作业安全技术规范》（JGJ 80—2016）4.1.1	坠落高度基准面2m及以上进行临边作业时，应在临空一侧设置防护栏杆，并应采用密目式安全立网或工具式栏板封闭
《建筑施工高处作业安全技术规范》（JGJ 80—2016）4.2.1	洞口作业时，应采取防坠落措施，并应符合下列规定： 1.当竖向洞口短边边长小于500mm时，应采取封堵措施；当垂直洞口短边边长大于或等于500mm时，应在临空一侧设置高度不小于1.2m的防护栏杆，并应采用密目式安全立网或工具式栏板封闭，设置挡脚板。 2.当非竖向洞口短边边长为25mm～500mm时，应采用承载力满足使用要求的盖板覆盖，盖板四周搁置应均衡，且应防止盖板移位。 3.当非竖向洞口短边边长为500mm～1500mm时，应采用盖板覆盖或防护栏杆等措施，并应固定牢固。 4.当非竖向洞口短边边长大于或等于1500mm时，应在洞口作业侧设置高度不小于1.2m的防护栏杆，洞口应采用安全平网封闭

依　据	内　容
《建筑施工高处作业安全技术规范》（JGJ 80—2016）4.3.1	临边作业的防护栏杆应由横杆、立杆及挡脚板组成，防护栏杆应符合下列规定： 1.防护栏杆应为两道横杆，上杆距地面高度应为1.2m，下杆应在上杆和挡脚板中间设置。 2.当防护栏杆高度大于1.2m时，应增设横杆，横杆间距不应大于600mm。 3.防护栏杆立杆间距不应大于2m。 4.挡脚板高度不应小于180mm
《建筑施工高处作业安全技术规范》（JGJ 80—2016）8.1.1	建筑施工安全网的选用应符合下列规定： 1.安全网材质、规格、物理性能、耐火性、阻燃性应满足现行国家标准《安全网》GB 5725的规定。 2.密目式安全立网的网目密度应为10cm×10cm面积上大于或等于2000目
《建筑施工高处作业安全技术规范》（JGJ 80—2016）8.1.2	采用平网防护时，严禁使用密目式安全立网代替平网使用
《建筑施工高处作业安全技术规范》（JGJ 80—2016）8.2.1	安全网搭设应绑扎牢固、网间严密。安全网的支撑架应具有足够的强度和稳定性
《建筑施工高处作业安全技术规范》（JGJ 80—2016）8.2.4	用于电梯井、钢结构和框架结构及构筑物封闭防护的平网，应符合下列规定： 1.平网每个系结点上的边绳应与支撑架靠紧，边绳的断裂张力不得小于7kN，系绳沿网边应均匀分布，间距不得大于750mm。 2.电梯井内平网网体与井壁的空隙不得大于25mm，安全网拉结应牢固

2.4.4　坝顶悬挑式钢结构作业平台

坝顶悬挑式钢结构作业平台解决了大坝坝顶临边防护不足的问题，可防止发生高处坠落事故，保障坝顶作业人员的人身安全。

1.主要风险

电站水库大坝坝顶较高，坝顶临边防护结构外侧施工空间较小，主要存在以下风险：坝顶临边防护结构施工时，若安全防护措施不到位，存在高空坠落和物体打击的风险。

2.管控措施

针对上述风险，主要管控措施为在坝顶安装悬挑式钢结构作业平台保障坝顶临边作业施工安全。

3. 实践探索

为有效降低坝顶临边作业的风险，在项目建设过程中使用了悬挑式钢结构作业平台，具体实践探索情况如下：

悬挑式钢结构作业平台由专业钢结构公司定制、加工并组装，悬挑宽度 60cm，防护栏杆高度 1.2m，主体由 10 号槽钢、50mm×30mm×2.5mm 镀锌方管、40mm×40mm×4mm 角钢、Φ6mm 圆钢 60mm×40mm 防护钢丝网和钢结构脚手板组成，结构受力经验算满足要求，为坝顶临边防护结构施工提供了可靠的作业平台（见图 2.4.4-1 和图 2.4.4-2）。

图 2.4.4-1　钢结构悬挑作业平台实例

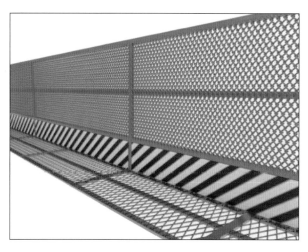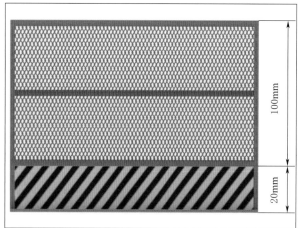

图 2.4.4-2　钢结构悬挑作业平台三维图

4. 应用成效

通过搭设钢结构悬挑式安全施工作业平台，在坝顶临边部位形成有效安全防护，为坝顶临边防护结构施工创造了安全、高效的作业环境。

5. 主要依据

本案例涉及的主要参考依据见表2.4.4-1。

表2.4.4-1 坝顶悬挑式钢结构作业平台实践探索主要依据

依 据	内 容
《水电水利工程施工安全防护设施技术规范》（DL 5162—2013）3.2.1	高处作业的临空边沿，必须设置安全防护栏杆。在悬崖、陡坡、杆塔、坝块、脚手架以及其他高处危险边沿进行悬空高处作业时，临边必须设置防护栏杆，并应根据施工具体情况，挂设水平安全网或设置相应的吊篮、吊笼、平台等设施。作业人员应佩戴安全带、安全绳等个体防护用品
《水电水利工程施工安全防护设施技术规范》（DL 5162—2013）3.2.7	各类操作平台必须根据施工荷载实际情况经设计确定
《水电水利工程施工通用安全技术规程》（DL/T 5370—2017）6.1.4	高处作业临边、临空应设置平面安全网，平面安全网距水平工作面的最大高差不应超过3.0m，安全网搭设外侧比内侧高0.5m，水平投影宽度应不小于2.0m
《水电水利工程施工通用安全技术规程》（DL/T 5370—2017）6.2.3	悬空高处作业时，临空面应搭设安全网或防护栏杆
《水电水利工程施工通用安全技术规程》（DL/T 5370—2017）6.4.2	施工走道的临空（2m高度以上）、临水边缘应设置高度不低于1.2m的安全防护栏杆，临空下方有人施工作业或人员通行时，应该封闭底板，并在安全防护栏杆下部设置高度不低于0.2m的挡板
《建筑施工高处作业安全技术规范》（JGJ 80—2016）6.4.1	悬挑式操作平台设置应符合下列规定： 1. 操作平台的搁置点、拉结点、支撑点应设置在稳定的主体结构上，且应可靠连接。 2. 严禁将操作平台设置在临时设施上。 3. 操作平台的结构应稳定可靠，承载力应符合设计要求
《建筑施工高处作业安全技术规范》（JGJ 80—2016）6.4.8	悬挑式操作平台的外侧应略高于内侧；外侧应安装防护栏杆并应设置防护挡板全封闭
《建筑施工高处作业安全技术规范》（JGJ 80—2016）6.4.9	人员不得在悬挑式操作平台吊运、安装时上下

2.4.5 安装间及地下厂房布置

安装间及地下厂房是抽水蓄能电站机电设备安装期间的重要场所，该部位主体结构层高较高，施工现场分区较多且因施工阶段不一致分布在不同高程，施工人员、设备、材料集中，有序的作业环境难以维持，可能导致各类安全生产事故的发生。

1. 主要风险

安装间及地下厂房受场地限制、设备摆放量大等因素的影响，主要存在以下风险：

（1）多个施工单位在同一区域内同时作业，容易出现工作协调或配合不到位等问题，存在物体打击、起重伤害、机械伤害等风险。

（2）受建筑物拐角有盲区、人员注意力不集中及机动车与非机动车道路交叉等不利因素影响，存在车辆伤害事故的风险。

（3）现场场地规划不合理，局部区域材料堆放过载，存在垮塌的风险。

（4）现场需要使用大量装有氧气、乙炔、氩气的气瓶，不按规范要求使用和临时存储，存在火灾、爆炸事故的风险。

2.管控措施

针对上述风险，主要管控措施如下：

（1）绘制安装间及厂房场地规划图，明确人员通道、吊装通道、材料摆放区域。材料分区堆放，并实施定置化管理。

（2）在施工区域通过功能划分、硬件隔离、可视化标识等手段将人流与车流分隔开，形成人车互不干扰、各行其道的状态，提高人流和物流效率。

（3）各种气瓶按照有关规定存放和使用，并设置具备防倾倒措施的专用气瓶架。

3.实践探索

为有效降低上述风险，提高电站建设安装间及厂房布置安全管理水平，具体实践探索情况如下：

（1）施工单位在安装间设置进场安全告知牌、"七牌一图"、企业文化等宣传牌，各类标志牌布置醒目、整齐美观（见图2.4.5-1）。

图2.4.5-1　安装间"七牌一图"等展板

（2）在安装间采用宣传长廊将设备加工区域与卸装区域分开，设备加工区域使用围挡进行防护（见图2.4.5-2）。设置人行安全通道，通道使用绿色和黄色油漆进行标记，并与施工区域使用移动护栏进行隔离，实现人车分流，有效保障现场人员人身安全（见图2.4.5-3）。

（3）在安装间利用临时围挡对施工现场进行区域划分，可划分为材料吊装区、材料堆放区、设备加工区等区域（见图2.4.5-4～图2.4.5-6）。

图 2.4.5-2　安装间加工区域隔离围挡

图 2.4.5-3　安装间安全通道布置、交通洞人车分离设置

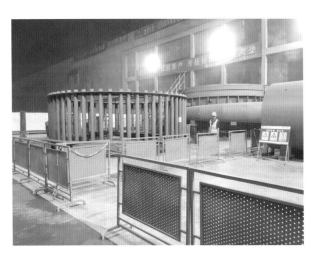

图 2.4.5-4　安装间区域划分实例

（4）现场气瓶存放区设置氧气、乙炔、氩气等专用气瓶架（见图2.4.5-7），气瓶设置气瓶帽、防震圈等装置，氧气瓶与乙炔瓶存放安全距离不少于5m，距离明火不得小于10m。气瓶存放区域按规范设置消防设施，张贴危险化学品安全周知卡，公示危险特性和应急处置措施等。

图 2.4.5-5　材料堆放区　　　　　　　　图 2.4.5-6　设备堆放区

图 2.4.5-7　气瓶使用临时存放点

（5）对地下厂房施工作业面布置进行提前规划，绘制安全文明施工平面布置图并动态更新（见图2.4.5-8），明确施工通道和材料摆放位置，各作业区域施工进展情况等，方便地下厂房内施工管理和作业人员能清晰了解现阶段施工现场状态。

4. 应用成效

安装间及地下厂房场地布置从区域规划、标志标识、材料堆放、定置管理等方面入手，制定了完善的施工场地布置图并按图实施，使现场安全文明施工形象大为改观，作业风险有效降低，安全管理成效显著提升。

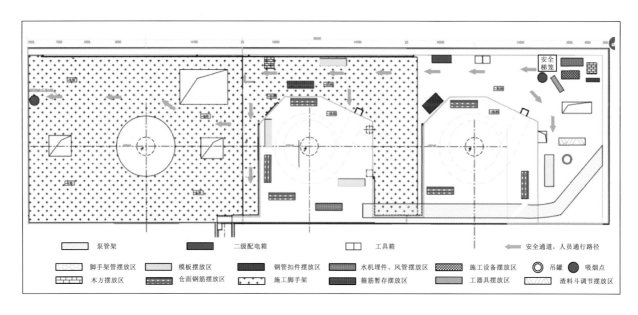

泵管架　　　　　　二级配电箱　　　　　工具箱　　　　　　安全通道，人员通行路径

脚手架管摆放区　　模板摆放区　　　钢管扣件摆放区　　水机埋件、风管摆放区　　施工设备摆放区　　吊罐　吸烟点

木方摆放区　　　仓面钢筋摆放区　　施工脚手架　　箍筋暂存摆放区　　工器具摆放区　　渣料斗调节摆放区

图2.4.5-8　安全文明施工平面布置图

5. 主要依据

本案例涉及的主要参考依据见表2.4.5-1。

表2.4.5-1　安装间及厂房布置实践探索主要依据

依　　据	内　　容
《建设工程安全生产管理条例》（中华人民共和国国务院令第393号）第二十八条	施工单位应当在施工现场入口处、施工起重机械、临时用电设施、脚手架、出入通道口、楼梯口、电梯井口、孔洞口、桥梁口、隧道口、基坑边沿、爆破物及有害危险气体和液体存放处等危险部位，设置明显的安全警示标志。安全警示标志必须符合国家标准。施工单位应当根据不同施工阶段和周围环境及季节、气候的变化，在施工现场采取相应的安全施工措施。施工现场暂时停止施工的，施工单位应当做好现场防护，所需费用由责任方承担，或者按照合同约定执行
《建筑施工安全技术统一规范》（GB 50870—2013）3.1.4	行人、车辆运输频繁的交叉路口，应悬挂安全指示标牌
《建筑施工安全技术统一规范》（GB 50870—2013）3.1.5	各种料具应按照总平面图规定的位置，按品种、分规格堆放整齐
《建筑施工安全技术统一规范》（GB 50870—2013）3.3.3	工地应按照总平面图划分防火责任区，根据作业条件合理配备灭火器材
《建筑施工安全技术统一规范》（GB 50870—2013）3.3.5	工地应设置吸烟室，吸烟人员必须到吸烟室吸烟
《气瓶搬运、装卸、储存和使用安全规定》（GB/T 34525—2017）9.2	不应将气瓶靠近热源。安放气瓶的地点周围10m范围内，不应进行有明火或可能产生火花的作业（高空作业时，此距离为在地面的垂直投影距离）

续表

依　　据	内　　容
《电业安全工作规程 第1部分：热力和机械》（GB 26164.1—2010）14.4.9	使用中的氧气瓶和乙炔气瓶应垂直放置并固定起来，氧气瓶和乙炔气瓶的距离不得小于5m
《焊接与切割安全》（GB 9448—1999）10.5.4	气瓶必须距离实际焊接或切割作业点足够远（一般为5m以上），以免接触火花、热渣或火焰，否则必须提供耐火屏障
《起重机　钢丝绳　保养、维护、检验和报废》（GB/T 5972—2016）4.3	钢丝绳宜存放在凉爽、干燥的室内，且不宜与地面接触
《起重机　钢丝绳　保养、维护、检验和报废》（GB/T 5972—2016）5.2	日常检查至少应在特定的日期对预期的钢丝绳工作区段进行外观检查，目的是发现一般的劣化现象或机械损伤
《水电水利工程施工安全防护设施技术规范》（DL 5162—2013）3.1.1	施工区域应按实际需要对施工中关键区域和危险区域实行封闭
《水电水利工程施工安全防护设施技术规范》（DL 5162—2013）3.1.5	施工现场存放设备、材料的场地应平整牢固，设备材料存放整齐稳固，周围通道畅通，且宽度应不小于1.00m
《水电水利工程施工通用安全技术规程》（DL/T 5370—2017）6.1.2	道路、通道、洞、孔、井口、高出平台边缘等临空、临边部位应设置安全防护栏杆，防护栏杆结构应由上、中、下三道横杆和栏杆柱组成，高度不低于1.2m，柱间距应不大于2.0m，栏杆底部应设置高度不低于0.2m的挡脚板。栏杆结构及基础等应满足设计技术要求

2.4.6　混凝土拌和系统

混凝土拌和系统是为电站建设期混凝土生产中贮料、运输、配料、拌和及出料等作业设置的整套设施，主要由搅拌系统、物料称量系统、物料输送系统、物料贮存系统和控制系统等五大系统和其他附属设施组成。

1. 主要风险

在混凝土拌和系统建设生产过程中，由于混凝土拌和系统区域设置不合理、场地未硬化、水泥罐与粉煤灰罐整体高度较高、混凝土拌和设备及车辆清洗过程中产生的大量污水等因素影响，主要存在以下风险：

（1）混凝土拌和系统位置规划及区域设置不合理、防护措施不到位，存在被车辆撞击导致损坏的风险。

（2）混凝土拌和系统场地未进行硬化处理，容易出现现场道路不畅通、雨天泥泞、车辆行驶过程中产生大量扬尘等问题，不但污染建筑材料，也会对周边环境产生不利影响，运行过程中由于搅拌主机、罐车的清洗会产生大量的生产废水，存在环境污染风险。

（3）混凝土拌和系统生产运行过程中，非工作人员擅自进入生产区域，误入或误碰混凝土拌和系统设备，存在机械伤害的风险。

（4）混凝土拌和系统水泥罐与粉煤灰罐通常建在空旷地区的高点位置，因其所处的地理位置较高，如避雷措施不完善或受大风、雷暴等恶劣天气因素影响，容易出现罐体晃动、雷击等现象，存在罐体倾倒以及人员触电风险。

2. 管控措施

针对上述风险，主要管控措施如下：

（1）将现场施工道路和混凝土拌和系统场地全部硬化处理，实现施工现场道路与搅拌站场地全面畅通，提高运输效率、降低扬尘，减少对周边环境的影响。

（2）对混凝土拌和系统实施封闭式管理，禁止非工作人员进入，避免发生人员机械伤人等事故事件。

（3）根据实际地基条件加固水泥罐与粉煤灰罐基础并增设缆风绳，以提高整体稳定性和安全性；在罐体顶部装设避雷装置，并与接地网进行连接，以满足防雷接地要求。

（4）对进入施工区域的车辆驾驶员进行安全教育培训并定期检查车辆安全状况；在混凝土拌和系统周围设置防撞措施和警示标识标牌，避免车辆撞击拌和系统。

（5）在混凝土拌和系统增设生产废水处理回收系统，将产生的生产废水引入处理系统，经处理达标后进行再回收利用，降低环境污染的风险。

3. 实践探索

为有效降低上述风险，提高抽水蓄能电站建设混凝土拌和系统安全管理水平及文明施工形象，具体实践探索情况如下：

（1）统筹规划和实施场地排水系统，完成周边排水沟砌筑；按规范要求对场地和道路进行硬化处理，道路承载力满足车辆行驶和抗压要求（见图2.4.6-1）。

图 2.4.6-1　场地及道路硬化处理

（2）混凝土拌和系统采用定型化围挡进行整体封闭隔离，防止无关人员误入；为防止车辆撞击混凝土拌和系统，在围挡隔板外围设置一道防撞墩并刷黄黑相间反光漆，同时在道路转弯处及大门口设置交通安全凸面镜，扩大视野范围（见图2.4.6-2）。

（3）为提高水泥罐与粉煤灰罐的稳定性，在罐体顶部平均布设4根缆风绳连接钩，设置缆风绳并与地锚牢靠连接。缆风绳采用直径为16mm的钢丝绳，连接时与地面保持40°夹角（见图2.4.6-3）。

图2.4.6-2　定型化围挡及安全防护　　　　图2.4.6-3　增设缆风绳后的水泥罐

（4）混凝土拌和系统罐体顶部安装避雷装置，同时在距离控制室较近的一个罐体上安装一个接闪器。采用滚球法设计接闪器，滚球半径R=60m，包括避雷针和两个金属滚球，接闪器通过扁铁接地，接地电阻不大于10Ω（见图2.4.6-4）。

（5）根据设计要求建设污水处理系统处理生产废水（见图2.4.6-5），经处理达标后的水可直接供给混凝土拌和系统和车辆清洗重复利用。

 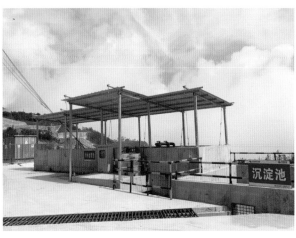

图2.4.6-4　罐体防雷接地　　　　　　　　图2.4.6-5　污水处理系统

4.应用成效

通过对混凝土拌和系统的合理规划，改善了施工现场安全文明施工形象面貌，保障了混凝土生产运输过程中的施工安全，减少了环境污染，在安全、环保等工作上取得了良好的效果。

5.主要依据

本案例涉及的主要参考依据见表2.4.6-1。

表2.4.6-1 混凝土拌和系统实践探索主要依据

依　据	内　容
《建筑工程绿色施工评价标准》（GB/T 50640—2010）5.2.6	污水排放应符合下列规定： 1.现场道路和材料堆放场地周边应设排水沟。 2.工程污水和试验室养护用水应经处理达标后排入市政污水管道。 3.雨水、污水应分流排放
《建筑施工机械与设备 混凝土搅拌站（楼）》（GB/T 10171—2016）5.10.1	工作平台、给料装置、骨料仓、水泥仓等凡涉及人身安全的部位均应设置安全防护设施（如扶梯、栏杆等）
《建筑施工安全检查标准》（JGJ 59—2011）3.2.3	施工现场的主要道路及材料加工区地面应进行硬化处理；施工现场道路应畅通，路面应平整坚实；施工现场应有防止扬尘措施；施工现场应设置排水设施，且排水通畅无积水；施工现场应有防止泥浆、污水、废水污染环境的措施
《施工现场临时用电安全技术规范（附条文说明）》（JGJ 46—2005）5.4.3	机械设备或设施的防雷引下线可利用该设备或设施的金属结构体，但应保证电气连接
《施工现场临时用电安全技术规范（附条文说明）》（JGJ 46—2005）5.4.5	安装避雷针（接闪器）的机械设备，所有固定的动力、控制、照明、信号及通信线路，宜采用钢管敷设。钢管与该机械设备的金属结构体应做电气连接
《施工现场临时用电安全技术规范（附条文说明）》（JGJ 46—2005）5.4.6	施工现场内所有防雷装置的冲击接地电阻值不得大于30Ω
《施工现场临时用电安全技术规范（附条文说明）》（JGJ 46—2005）5.4.7	做防雷接地机械上的电气设备，所连接的PE线必须同时做重复接地，同一台机械电气设备的重复接地和机械的防雷接地可共用同一接地体，但接地电阻应符合重复接地电阻值的要求
《水电水利工程施工通用安全技术规程》（DL/T 5370—2017）4.1.1	施工区域宜实行封闭管理。主要进出口处应设有施工警示标志和危险告知，与施工无关的人员、设备不应进入封闭作业区。在危险作业场所应设报警装置、设施及应急疏散通道
《水电水利工程施工通用安全技术规程》（DL/T 5370—2017）7.4.1	制冷设备安装运行，应遵守下列规定： 1.压力容器须经国家专业部门检验合格。 2.设备、管道、阀门、容器密封良好，无"滴、冒、跑、漏"现象。 3.安全阀定期校检

依　据	内　容
《水电水利工程施工通用安全技术规程》（DL/T 5370—2017）7.4.2	拌和站（楼）的布设，应遵守下列规定： 1.场地平整，基础满足设计承载力要求，有可靠的地表排水设施。 2.设有人行通道和车辆装、停、倒车场地。 3.各层之间有钢扶梯或通道。 4.各平台的边缘应设有钢防护栏杆或墙体。 5.机电设备周围应设有宽度不小于0.8m的巡视检查通。 6.机电设备的传动、转动部位应设有网孔尺寸不大于10mm×10mm的钢防护罩。 7.应设有合格的避雷装置和系统消防设施或足够的消防器材并保持良好有效，楼内不得存放易燃易爆物品。 8.电力线路绝缘良好，不得使用裸线；电气接地、接零良好，接地电阻不大于4Ω，拌和楼接地网与计算机系统接地网应分别独立
《水电水利工程施工通用安全技术规程》（DL/T 5370—2017）7.4.5	水泥和粉煤灰库、罐储存运行，应遵守下列规定： 1.水泥、粉煤灰罐体、管道、阀门严密，不泄漏。 2.水泥、粉煤灰罐顶部应设置不小于1/2顶部面积的平台，平台周围设置高度不低于1.2m的栏杆，顶部平台至地面建筑物、道路设施之间应设置栈桥、扶梯和钢防护栏杆，栈桥应进行专门设计。 3.水泥、粉煤灰罐内设有破拱装置和爬梯

2.4.7　砂石加工系统

砂石加工系统是对开采出的石料进行破碎、筛分、冲洗，制成成品砂石料的生产设施，主要日常工作是砂石生产供应与设备维护管理。

1.主要风险

砂石加工系统存在的主要风险如下：

（1）系统运行时加工设备和胶带机转动、传动部位多，存在人员肢体卷入运转设备造成机械伤害的风险。

（2）破碎和筛分设备内的个别飞散石块掉落，存在物体打击的风险。

（3）除尘设施未同步开启，或效果不佳，粉尘对作业人员造成尘肺病伤害。

（4）废水处理系统未同步投入使用或发生故障，易造成污水排放环境事件（事故）。

2.管控措施

针对上述风险，主要管控措施如下：

（1）加工设备和胶带机转动、传动部位配置防护栏杆或防护罩，将转动部位进行隔离，杜绝人员接触。

（2）在存在块石散落的胶带机、落料点等部位增设防护挡板，防止块石掉落，同时在现场设置安全警示牌。

（3）采用淋水、喷雾等措施减少生产过程中的扬尘。

（4）废水处理系统设计采用前端沉淀池和处理设备冗余并联设置，保证足够的处理富余量，并定期对废水处理系统运行情况进行抽查，对回收用水进行水质检测。

（5）制定停机检修挂牌制度并严格落实。

3.实践探索

为有效降低上述风险，提高砂石加工系统安全管理水平，具体实践探索情况如下：

（1）在砂石加工系统转动、传动部位设置防护栏杆或防护罩，将转动部位进行隔离，杜绝人员接触（见图2.4.7-1和图2.4.7-2），胶带机跨越部位设置专用通道，保障人员通行安全。

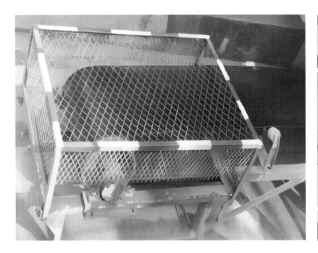

图2.4.7-1　胶带机转动部位防护　　　　图2.4.7-2　设备转动部位防护

（2）在胶带机落料点和跨路部位增设防护挡板，防止块石掉落（见图2.4.7-3和图2.4.7-4）。

图2.4.7-3　落料点防护挡板　　　　图2.4.7-4　胶带机跨路部位防护挡板

（3）根据砂石加工系统扬尘产生的特点、部位，采取有针对性的降尘措施，粗碎受料点采用淋水降尘（见图 2.4.7-5），中细碎车间采用喷雾降尘（见图 2.4.7-6）。

图 2.4.7-5　淋水降尘　　　　　　　　　　　图 2.4.7-6　喷雾降尘

（4）废水处理系统设计采用沉淀池和处理设备冗余并联设置，保证其中一条线路在检修维护时，废水处理可以正常进行，并定期对废水处理系统运行情况进行抽查，对回收用水进行水质检测，确保废水处理系统运行正常，做到生产废水零排放。

（5）制定了停机检修挂牌制度，检修前指定专人负责管理，指挥信号统一明确，并落实"谁挂牌谁合闸"规定，防止检修过程中误启动设备造成安全事故。

4. 应用成效

通过设置砂石加工系统安全防护设施、警示标牌，降低了机械伤害和物体打击风险；规范布置降尘和污水处理措施，减少了环境污染，在安全、环保等工作上取得了良好的成效。

5. 主要依据

本案例涉及的主要参考依据见表 2.4.7-1。

表 2.4.7-1　砂石加工系统实践探索主要依据

依　　据	内　　容
《水电工程砂石加工系统设计规范》（NB/T 10488—2021）10.1.8	砂石加工系统主要车间地面应进行硬化处理
《水电工程砂石加工系统设计规范》（NB/T 10488—2021）12.2.9	砂石加工系统投产运行前，砂石加工、运输设备的安全操作规程应悬挂于现场醒目位置；应提出砂石加工系统各车间、设施的安全防护措施；井下破碎车间的安全逃生通道应符合相关规范要求。存在危险因素的作业场所或设备上，安全警示标志的设置应符合现行国家标准《安全标志及其使用导则》GB 2894 的有关规定

依　　据	内　　容
《水电水利工程施工通用安全技术规程》（DL/T 5370—2017）7.3.24	现场应设置安全警示标志和安全操作规程

2.4.8　建设期营地管理

建设期营地是电站建设各参建单位办公、生活的重要场所。营地选址不当，易发生洪水、泥石流等自然灾害；营地日常管理不到位，易发生火灾、触电等安全事故。

1. 主要风险

电站建设期营地一般建于远离市区的山地，自然条件复杂，主要存在以下风险：

（1）建设期营地选址不合理，存在泥石流、山体崩塌、山体滑坡等地质灾害等风险。

（2）建设期营地生活用电设施较多，营地食堂需使用液化天然气等危化危爆品，用电不规范，日常安全管理不到位，存在火灾、爆炸、触电等风险。

（3）建设期营地多为板房结构，使用的建筑材料防火阻燃性能不满足规范要求，存在火灾风险。

2. 管控措施

针对上述风险，主要管控措施如下：

（1）对建设期营地的备选地址进行实地考察，请具有资质的单位进行地质灾害危险性评估，对可能存在的风险做出初步的判断。

（2）建设期营地开工前编制详细的营地规划设计方案，按规划设计方案编制施工计划和方案，建设完成后严格验收，确保符合规划设计要求。

（3）采购符合规范要求的板房材料并做好材料进场验收工作。

（4）规范建设营地日常管理工作，安排专职负责人定期开展用电、消防、危化危爆品等专项检查。

3. 实践探索

为有效降低上述风险，提高建设期营地安全管理水平，具体实践探索情况如下：

（1）建设期营地选址。对营地备选地址开展实地考察，编制《地质灾害危险性研究报告》。对备选地址可能存在的地质灾害做详细的分析调查，报告内容包括选址地质环境条件、地质灾害危险性现状评估、地质灾害危险性预测评估、地质灾害危险性综合评估及防治措施、结论与建议以及评估任务、评估依据等。

（2）营地建设规划。建设营地选址确定后，编制详细的建设营地规划方案，规划方案内容包括工程概况、施工布置、编制依据、施工计划、营地总体规划、验收要求、应急处置措施、安全、质量以及环保水保措施等，对营地建设施工作详细的规划设计（见图2.4.8-1）。

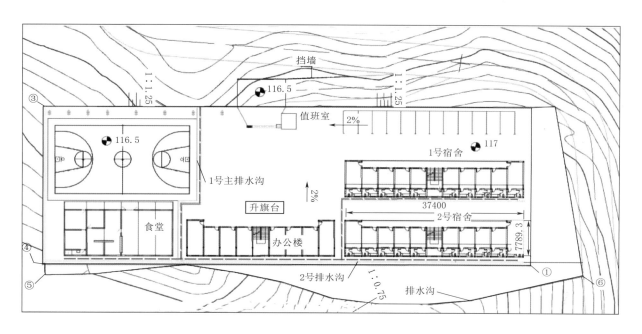

图 2.4.8-1　施工营地平面图

（3）营地验收。在建设期营地施工前，对施工方案审批情况、施工材料进场验收情况进行检查；施工完成后由施工单位组织验收，验收项目包括建筑结构、燃气设备设施、给排水、用电设施、消防设施等，检查现场是否存在安全隐患、施工质量是否符合验收标准。

（4）营地日常安全管理。建设期营地使用过程中，需对营地内各项办公、生活设施开展风险识别，并形成危险源与环境危害因素辨识清单，对所辨识出的危险有害因素制定管控措施，明确管控责任人，定期开展日常巡视检查和各专项检查工作。

4.应用成效

建设期营地的规范化管理既保证了场地布置的安全性，消除了自然灾害对营地的危害，同时又满足了工作人员居住、办公环境的安全需求。通过实行建设期营地规范化管理，营区的生活和工作变得井然有序，安全事故的发生率大大降低。

5.主要依据

本案例涉及的主要参考依据见表2.4.8-1。

表 2.4.8-1　建设期营地管理实践探索主要依据

依　据	内　容
《电力建设工程施工安全管理导则》（NB/T 10096—2018）5.6.14	临建选址应科学适用，符合绿色施工的要求。不应建在易发生滑坡、坍塌、泥石流、山洪等危险地段，应避开水源保护区、水库泄洪区、风力较大的风口、易积水的凹地等区域

依　据	内　容
《电力建设工程施工安全管理导则》（NB/T 10096—2018）12.2.2	电力建设工程所在区域存在自然灾害或电力建设活动可能引发地质灾害风险时，勘察设计单位应当制定相应专项安全技术措施，并向建设单位提出灾害防治方案建议，并监控基础开挖、洞室开挖、水下作业等危险作业的地质条件变化情况，及时调整设计方案和安全技术措施
《电力建设工程施工安全管理导则》（NB/T 10096—2018）14.2.1	施工现场应实行定置和封闭管理，确定各个施工区域责任单位，始终保持作业环境整洁有序，临时设施应合理选址，确保使用功能、安全、卫生、环保和防火要求
《电力建设工程施工安全管理导则》（NB/T 10096—2018）14.2.4	施工单位应建立安全设施管理制度，明确安全防护设施设置、验收、维护和管理责任单位（部门）、责任人，发布安全设施目录，建立管理台账

2.5　典型作业风险管控

在电站建设过程中风险分布广、危害因素多，针对工程建设特点，综合考虑作业风险的暴露程度、发生安全事故事件的严重程度和可能性等因素，制定风险分级管控策略和计划，明确需要重点管控的作业风险内容，为各参建单位合理配置施工资源、制定施工方案、采取风险控制措施提供依据。

2.5.1　斜、竖井风险管控

在电站的建设过程中，斜、竖井施工是风险较高的项目，建设单位在项目实施过程中紧紧围绕斜、竖井施工过程开展了一系列安全措施的实践探索，总结出了适合电站斜、竖井提升系统布置、开挖支护、滑模衬砌施工等过程中的一些关键安全技术管控措施，保障了施工安全，提高了施工效率。

2.5.1.1　提升系统

斜、竖井施工提升系统主要承担井下材料、设备、作业人员的运输任务，存在的风险主要有物体打击、高处坠落、机械伤害等，对竖井提升系统的整体布局及安全设施进行优化，可为作业人员提供环境安全保障。

1.主要风险

竖井提升系统现场布置复杂，在实际使用过程中难以对其进行监测，主要存在以下风险：

（1）提升设备选型不当，缺少各类限位、防坠、减速、安全制动等保护装置，在运行过程中存在机械伤害、高处坠落的风险。

（2）采用天锚作为提升系统的受力部件，受提升荷载影响可能导致天锚周边围岩松动、脱落，且难以对天锚的变形、松动及劳损情况进行检查和监测，若天锚出现损坏未及时发现，存在物体打击、高处坠落的风险。

（3）载人吊笼未设置单独的防坠装置，提升设备牵引绳断裂将导致吊笼整体掉落，存在高处坠落的风险。

（4）未布置专用的载物提升设备，人货混装可能导致提升设备超载运行，存在高处坠落的风险。

（5）提升设备运行过程中牵引钢丝绳打绞，导致吊笼旋转，人员上下吊笼时晃动过大，需手动操作吊笼挂钩进行固定，如人员操作不到位，存在人员机械伤害、高处坠落的风险。

（6）斜井运输小车所铺设的轨道材质强度不够、轨枕与基岩面结合黏度不佳、相邻轨道之间衔接方式不良、轨道未敷设在一条轴线上、后期维护保养不到位等，容易引发运输小车在运输过程中发生脱轨、跳轨现象，存在高处坠落风险。

2. 管控措施

针对上述风险，主要管控措施如下：

（1）选择安全性能可靠的提升设备，设备本身应具备行程限位装置、防坠装置、重量限制器等各项安全保护装置。

（2）对提升系统进行整体布局，参考地下厂房桥机吊装设备承载方式，使用岩锚梁＋钢桁架替代天锚作为提升系统的受力装置。

（3）为载人吊笼（运输小车）设置独立于提升设备之外的防坠装置，确保在提升设备自身保护装置失效的情况下，载人吊笼（运输小车）不会发生坠落。

（4）布置单独的载物提升设备，将人员和物料分开运输，严禁运输过程中出现人货混装。

（5）选用不旋转提升钢丝绳，将提升钢丝绳对钢绳罐道的旋转力矩降至最小。设置同步机械自锁装置，载人吊笼提升至井口时，固定挂钩和踏板能够自动投入使用。

（6）通过受力分析计算，确定运输小车运行轨道主材型号；通过测量放线确定安装位置，在基岩面上等距设置加固锚杆，每段轨道安装完成后应对安装精度进行认真复核。

3. 实践探索

为有效降低上述风险，提高电站斜、竖井提升系统安全管理水平，具体实践探索情况如下：

（1）载人提升设备选型。选择同轴双筒矿用提升绞车作为斜、竖井施工载人提升设备，该绞车系统自身具备测速断线保护、电气传动保护、制动油压保护、错向保护、超速保护、安全制动继电器、减速过速保护、过卷开关、闸瓦磨损开关、松绳保护等多套保护装置，可通过机械、电气、红外测距等形式保障设备运行安全。

（2）提升系统整体布置。提升系统（见图2.5.1－1）由牵引提升设备、载人载物吊笼、钢桁架支撑平台三个部分组成，整体布置综合考虑了人员通行、材料转运及施工工艺等各方面的需求。

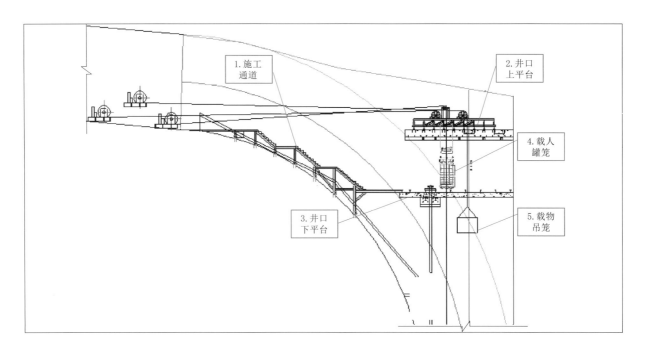

图 2.5.1-1　竖井施工提升系统整体布置示意图

钢桁架支撑平台（见图2.5.1-2）由岩锚梁+钢桁架系统组成，平台临边侧安装标准化防护栏杆，岩锚梁在上井口开挖阶段施工完成。竖井施工时，钢桁架支撑平台分上下两层，上层平台用于架设滑轮及其检查检修，下层平台用于人员通行、物料转运；斜井施工时，钢桁架支撑平台为单层，从井口起弯点处开始布置，靠洞轴线中心点侧端头部位用于架设滑轮，其他部位用于人员通行和作业。

图 2.5.1-2　竖井钢桁架支撑平台现场实例

（3）安装独立的防坠装置。竖井载人罐笼防坠装置（见图2.5.1-3和图2.5.1-4）由抓捕器、防坠钢丝绳、同轴双筒卷扬机等组成，其中，同轴双筒卷扬机牵引两根防坠钢丝绳，该钢丝绳作为罐笼坠落时的安全保障；抓捕器位于罐笼顶部，上部通过连接销与连接平台固定装置连接，下部与罐笼本体连接，当罐笼两根牵引钢丝绳同时断裂时，防坠装置能够动作，防止罐笼本体坠落。

斜井运输小车独立防坠功能通过在运输小车底盘上安装抱轨制动装置（见图2.5.1-5）实现，制动装置采用自动制动和人工制动双重制动方式。在整个制动系统中，运输小车底盘中心位置设置前拉杆，前拉杆和小车主绳连接装置相连，并承载整个小车牵引荷载。制动装置前拉杆和撞块通过销相连接，挡板槽钢固定在运输小车底盘上，开动弹簧紧固螺母通过螺纹固定在后拉杆端部，通过调整螺母位置来调整开动弹簧从而调整制动装置的反应时间。

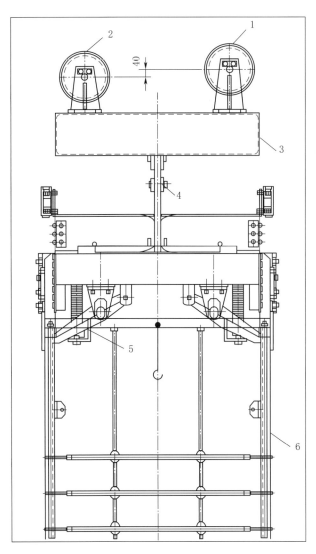

图 2.5.1-3　防坠装置结构图
1、2—滑轮；3—固定装置；4—连接销；
5—BF111抓捕器；6—罐笼主体

图 2.5.1-4　防坠装置应用实例

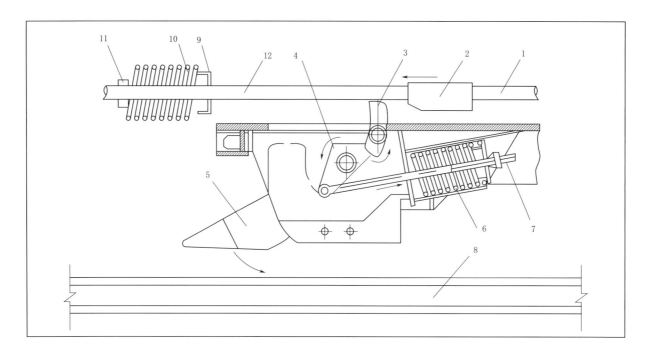

图 2.5.1-5　抱轨制动装置结构图

1—前拉杆（主拉杆）；2—撞铁；3—卡爪；4—支撑块；5—抱爪；6—制动弹簧；7—导杆；
8—轨道；9—挡板槽钢；10—开动弹簧；11—开动弹簧紧固螺母；12—后拉杆

（4）人员、物料分开运输。使用两套提升设备分别用于载人、载物，实现人货分离，载物提升系统采用15t卷扬机和载物吊笼组成，根据受力计算结果确定最大承载重量，并转化为所需运输的各类型材料单次最大可运输数量，现场悬挂材料运输限载标识牌。现场安排专职安全管理人员对人员、物料运输过程进行旁站监督，严禁人货混装、超载等违章行为。

（5）罐笼防旋转措施。通过固定在罐笼顶部的四组对称十字交叉滑轮组和布置在上桁架上部的两组天轮（见图2.5.1-6和图2.5.1-7）配合使用不旋转的互捻钢丝绳，将各

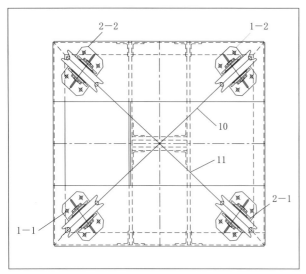

图 2.5.1-6　滑轮布置图

图 2.5.1-7　天轮布置情况图

方向的扭力相互抵消，保障罐笼运行期间不发生旋转，避免钢丝绳断裂事故，确保罐笼运行期间的持续平稳。另外，在吊笼上使用万向挂钩（见图2.5.1-8和图2.5.1-9），保障吊笼提升钢丝绳应力平衡。

对罐笼内部进行电路和机械设计，当罐笼运行至上井口时，脚踏板和挂钩可自动投入，以保障人员进出罐笼安全（见图2.5.1-10）。

（6）斜井运输小车轨道。斜井运输小车轨道采用槽钢+锚杆固定，槽钢沿斜井长度方向等距布置，并采用锚杆进行固定，轨道之间采用轨道连接板和螺栓连接，加强稳固性，定期对轨道进行加固及校平（见图2.5.1-11和图2.5.1-12）。

图 2.5.1-8 吊笼万向挂钩三维图

图 2.5.1-9 吊笼万向挂钩

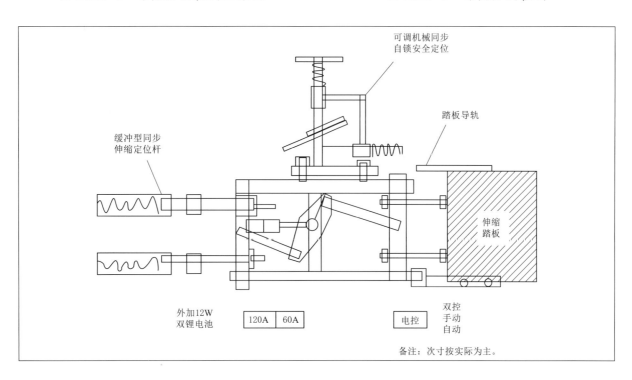

图 2.5.1-10 自动伸缩踏板设计图

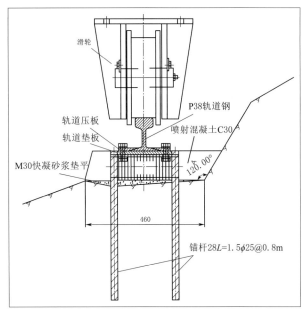

图 2.5.1-11 施工轨道断面图

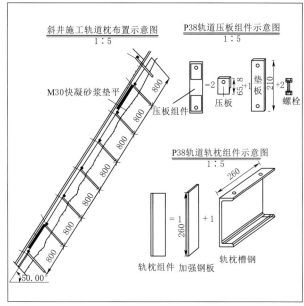

图 2.5.1-12 轨道轨枕、压板组件示意图
（单位：mm）

4. 应用成效

以上措施的应用，保障了斜、竖井全过程施工安全，提升了现场安全文明施工形象面貌，避免了不同施工阶段提升设备设施的反复安装、拆除，有效降低了施工现场安全风险，提高了施工效率。

5. 主要依据

本案例涉及的主要参考依据见表2.5.1-1。

表 2.5.1-1 提升系统实践探索主要依据

依　据	内　容
《罐笼安全技术要求》（GB 16542—2010）4.2.3	罐体内两侧应设置供乘罐人员扶握的扶手。扶手与罐体的连接强度应根据其受力状况确定。扶手的设置高度应为1600mm±50mm。
《罐笼安全技术要求》（GB 16542—2010）4.2.9	罐体偏心力矩不应大于200N·m
《罐笼安全技术要求》（GB 16542—2010）4.3.4	在罐笼专作升降人员用或既作升降人员用又作升降物料用时，主连接件、保险链或其他类型的保险装置，安全系数不应小于13。 在罐笼专作升降物料时，主连接件、保险链或其他类型的保险装置，安全系数不应小于10
《水电水利工程土建施工安全技术规程》（DL/T 5371—2017）4.5.2	人员上下采用专用提升设施时，应进行专门的设计，经检验合格后使用，应编制专项安全规程

续表

依　据	内　容
《水电水利工程土建施工安全技术规程》（DL/T 5371—2017）4.5.3	升降人员和物料的罐笼，应遵守下列规定： 1.罐笼、钢丝绳、卷扬机各部及其连接处，应设专人检查，如发现钢丝绳有损，罐道和罐耳间磨损度超过规定等，应立即更换。 2.升降人员或物料的单绳提升罐笼应设置可靠的防坠器、断绳保护装置、限位装置、限速保护装置、超载保护装置以及应有的安全措施
《水电水利工程土建施工安全技术规程》（DL/T 5371—2017）4.5.5	提升装置应设置下列保险装置： 1.防止过卷装置：当提升容器超过正常终端停止位置0.5m 时，应能自动断电，并使保险闸发生作用。 2.防止过速装置：当提升速度超过最大速度15%时，应能自动断电，并能使保险闸发生作用。 3.过负荷和欠电压保护装置。 4.速度限制器。 5.防止闸瓦过度磨损时的报警和自动断电的保护装置。 6.缠绕式提升装置，应设松绳保护并接入安全回路。 7.使用箕斗提升时，应采用定量控制，井口渣台应装设满仓信号，渣仓装满时能报警或自动断电
《水电水利工程竖井斜井施工规范》（DL/T 5407—2019）3.4.6	运输提升系统钢丝绳安全系数应满足： 1.物料专用提升系统：单绳缠绕式的钢丝绳安全系数应≥6.5，多绳摩擦式的钢丝绳安全系数应≥7.2−0.0005H。 2.人员专用提升系统：单绳缠绕式的钢丝绳安全系数应≥9.0，多绳摩擦式的钢丝绳安全系数应≥9.2−0.0005H
《水电水利工程竖井斜井施工规范》（DL/T 5407—2019）3.4.9	竖井升降人员采用的吊笼应符合《吊笼有垂直导向的人货两用施工升降机》GB 26557、《货用施工升降机　第1部分：运载装置可进人的升降机》GB/T 10054.1的规定
《水电水利工程施工安全防护设施技术规范》（DL 5162—2013）4.2.17	载人提升机械应设置以下安全装置，并保持灵敏可靠： 1.上限位装置（上限位开关）。 2.上极限限位装置（越程开关）。 3.下限位装置（下限位开关）。 4.断绳保护装置。 5.限速保护装置。 6.超载保护装置
《水电水利工程施工通用安全技术规程》（DL/T 5370—2017）8.2.7	使用吊钩应注意的事项： 1.吊钩每年至少要检查一次。检查时应用煤油清洗，除去污垢，用10倍～20倍放大镜细心观察起重钩及其紧固件。 2.吊钩表面应光洁，无剥裂、锐角、毛刺、裂纹等。吊钩出现裂纹、危险断面磨损达原尺寸的10%或开口度比原尺寸增加15%时，钩身的扭转角超过10°时，应予以报废。 3.不得在吊钩上焊补、填补或钻孔。 4.吊钩强度试验时，用额定载荷的125%的荷重进行，历时10min。负荷卸去后，用放大镜或其他可靠方法（如x、γ射线探伤）检验，如发现残余变形或裂纹时不得使用

2.5.1.2 斜、竖井开挖

在斜、竖井反井法开挖施工中，溜渣井的施工质量、洞口安全防护及溜渣时对井下施工作业面的影响是施工过程中的管控重点。通过选取合适的溜渣井钻孔设备、规范上下井口的安全防护设施，可有效防范斜、竖井开挖过程中的各项事故危害。

1. 主要风险

采用反井法施工工艺进行斜、竖井开挖时，形成的渣料需通过溜渣井滑至井下平洞，再通过运输设备转运至指定地点，主要存在以下风险：

（1）溜渣井开挖质量不合格，井内部坑洼不平，偏斜率不满足规范要求，溜渣过程中可能发生堵井，处理堵井时人员存在物体打击、高处坠落的风险。

（2）爆破施工完成后，需由作业人员下到井内掌子面配合扒渣以及支护作业，溜渣井井口防护不到位、作业人员个人防护措施不到位，存在高处坠落的风险。

（3）溜渣过程中，井下缺少安全隔离防护措施，施工作业人员未及时撤离，违规交叉作业，存在物体打击的风险。

2. 管控措施

针对上述风险，主要管控措施如下：

（1）选择合适的定向钻机和反井钻机进行溜渣井的开挖，保障溜渣井的开挖角度、偏斜率及洞径满足规范和方案设计要求。

（2）在上井口布置一台卷扬机，用于提升溜渣井井盖，人员下井作业前，将井盖下放至溜渣井井口，对其进行封堵，避免人员高处坠落。

（3）在井下平洞设置封闭式警戒隔离设施，并悬挂警示标牌，井内施工前安排专人负责对下部平洞进行清场，避免出现违规交叉作业。

3. 实践探索

为有效降低上述风险，保障斜、竖井开挖过程中的施工安全，具体实践探索情况如下：

（1）选用DL450T型定向钻机进行溜渣井导孔施工，该钻机具备无线随钻测斜功能，通过对三轴重力和三轴磁力线进行探测获取数值，由内置计算机进行编码，经脉冲发生器传递至地面，地面计算机解码后，通过综合钻井深度参数可测试出钻井轨迹，利用具有一定弯曲角度的螺杆采用复合钻进、滑动转进的方式进行孔斜纠偏，可将导孔偏斜率控制在0.7%以内。

导孔施工完成后，选用ZFY3.5/150/400E型反井钻机对导孔进行扩挖，形成直径1.4m的导井。反井钻机工作原理为：电机带动液压马达，利用液压动力将扭矩传递给钻具系统，带动钻具旋转，并向上提升，采用楔齿盘形滚刀破岩，滚刀在钻压的作用下沿井底滚动，从而对岩石产生冲击、挤压和剪切作用，使其破碎。导孔贯通施工时，岩屑沿钻杆与孔壁间的环行空间随洗井液浮升到井座面，扩孔时岩屑靠自重落到井下通道（见图2.5.1-13和图2.5.1-14）。

图 2.5.1-13 反井钻机现场施工

图 2.5.1-14 反井钻机钻头

（2）在开挖阶段，人员下井前，通过提升系统中所布置的载物用途卷扬机作为溜渣井井盖的提升设备，将井盖下放至指定部位，确保井盖能够完全覆盖溜渣井井口。其中扒渣作业前，井盖下放至距溜渣井井口30cm左右部位；支护作业前，井盖应下放到底，完全封闭溜渣井井口。同时，利用上一循环所安装的系统锚杆作为安全绳挂点，挂设安全绳，井内作业人员均须按要求佩戴安全带，并将安全带锁至安全绳上。

（3）使用钢管、方木、竹片等材料，在井下设置封闭式警戒隔离围挡，并挂"禁止拆除""严禁进入"等警示标牌。每班施工前，安排专人对井下平洞部位进行巡视清场，严防出现上下交叉作业的情况。

4.应用成效

以上措施的应用，有效降低了堵井、人员高处坠落、物体打击的风险，保障了斜、竖井开挖过程施工安全。

5.主要依据

本案例涉及的主要参考依据见表2.5.1-2。

表 2.5.1-2 斜、竖井开挖实践探索主要依据

依 据	内 容
《水电水利工程竖井斜井施工规范》（DL/T 5407—2019）4.2.2	自上而下全断面开挖时，应合理布置提升设备；井口应进行封盖，封盖结构宜预留运输吊笼的通道，井底作业时可关闭
《水电水利工程竖井斜井施工规范》（DL/T 5407—2019）4.2.8	反井钻机开挖导井应遵守下列规定： 1.开孔时应采用开孔钻杆和扶正器（稳定钻杆），慢速、均匀推进。

依　据	内　容
《水电水利工程竖井斜井施工规范》（DL/T 5407—2019）4.2.8	2.导孔钻进过程中，应随时观测、分析返出岩屑性状及钻进情况，判断地质、地层状况。 3.钻孔偏斜率不宜大于1.0%
《水电水利地下工程施工测量规范》（DL/T 5742—2016）7.1.7	在竖井开挖前应测量竖井中心及开挖轮廓点，竖井为多边形时应测设角点
《水电水利地下工程施工测量规范》（DL/T 5742—2016）7.1.8	在竖井井口应测量轴线控制点。竖井在井口成型、井台形成及挖深过程中，应进行井的中心、角点或轮廓的检查
《建筑施工高处作业安全技术规范》（JGJ 80—2016）4.2.1	洞口作业时，应采取防坠落措施，并应符合下列规定： 1.当竖向洞口短边边长小于500mm时，应采取封堵措施；当垂直洞口短边边长大于或等于500mm时，应在临空一侧设置高度不小于1.2m的防护栏杆，并应采用密目式安全立网或工具式栏板封闭，设置挡脚板。 2.当非竖向洞口短边边长为25mm～500mm时，应采用承载力满足使用要求的盖板覆盖，盖板四周搁置应均衡，且应防止盖板移位。 3.当非竖向洞口短边边长为500mm～1500mm时，应采用盖板覆盖或防护栏杆等措施，并应固定牢固。 4.当非竖向洞口短边边长大于或等于1500mm时，应在洞口作业侧设置高度不小于1.2m的防护栏杆，洞口应采用安全平网封闭

2.5.1.3　斜、竖井滑模衬砌

斜、竖井混凝土衬砌多采用滑模施工工艺，即使用液压提升装置滑升模板以浇筑竖向混凝土结构的施工方法。通过选择合理的滑模爬升方式、完善安全防护设施等措施，可有效防范模板倾覆、高处坠落等各项事故危害。

1. 主要风险

采用滑模施工工艺进行斜、竖井衬砌时，滑动模板需随浇筑进度逐步提升，作业人员需在滑模平台上进行钢筋安装、混凝土振捣等工作，主要存在以下风险：

（1）滑模爬升方式选择不合理，爬升过程中各点爬升高度偏差较大，导致滑模卡死或牵引设施拉断，存在设备损坏的风险。

（2）滑模各层作业平台安全防护缺失、材料堆放超载，存在高处坠落、平台垮塌和设备损坏的风险。

（3）滑模整体为金属构造，施工平台上需布置施工照明、振捣、电焊等用电设备，用电线路敷设不规范或保护措施不到位，存在因电缆漏电导致的触电风险。

（4）井下缺少信息联络设备和监控设备，无法及时与井上人员进行联系，井下作业监控手段有限，因沟通不畅导致安全措施不能及时落实，存在起重伤害和高处坠落的风险。

2.管控措施

针对上述风险，主要管控措施如下：

（1）根据斜、竖井类型，选择合适的滑模爬升方式，滑模的液压动力系统应能保证各受力点同时爬升，滑动时应遵循"短行程，勤操作"的原则，避免滑模卡死或设备损坏。

（2）根据滑模设计明确滑模作业平台限载重量。按规范做好滑模各层平台的临边和孔洞的防护。

（3）采取套管对电缆线进行保护，固定电缆敷设线路，按规范做好配电箱和用电设备的接零接地保护。

（4）在滑模平台上安装视频监控设备，配备无线对讲机和有线电话，配置多重信息沟通措施，保障信息沟通顺畅。

3.实践探索

为有效降低上述风险，保障斜、竖井混凝土衬砌过程中的施工安全，具体实践探索情况如下：

（1）根据施工特点，在竖井滑模施工时，采用内爬杆作为爬升受力构件，爬杆强度满足滑模设计的受力要求。在斜井滑模施工时采取钢绞线作为爬升受力构件，利用液压千斤顶在钢绞线上的爬行从而带动滑模一起向上运动，钢绞线的型号经滑模设计计算确定。使用电控液压系统统一控制各爬升点的液压千斤顶，有效控制单次爬升行程，并在滑动过程中同步校核各点高程，及时纠偏。

（2）斜井施工中，使用液压滑模进行混凝土浇筑，在斜井井口布置两根锁定梁牵引16根钢绞线进行同步滑升，沿着中梁布置施工通道及三层平台（卸料平台、滑模平台、抹面平台），滑模设置了5个锁定架，包括上锁定架和下锁定架，通过支腿与洞壁进行连接，经受力分析可承受钢结构的动量冲击。滑模布置见图2.5.1-15。

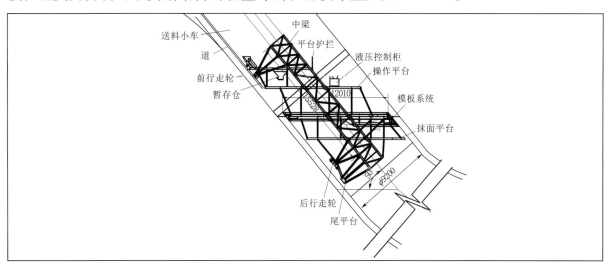

图2.5.1-15 滑模布置

（3）根据滑模设计明确滑模作业平台限载重量，转化为相关材料的数量，形成材料堆放限载牌并在现场悬挂。在滑模组装阶段，按标准化完成了材料转运平台、浇筑振捣平台、抹面平台等各层平台的临边安全防护设施，经验收合格后投入使用。

（4）使用耐磨、耐腐蚀的PVC波纹管对滑模台车上所有的电缆线进行穿管保护，并根据使用部位，将电缆线沿滑模框架固定敷设。使用航空快速插接配电箱为振捣棒、电焊机等移动用电设备供电，避免频繁接线，安排专业电工定期下井对线路及用电设备进行检查，消除安全隐患。

（5）增设可视化监控系统及大功率IP电话通信系统（见图2.5.1-16～图2.5.1-18），结合无线对讲机形成双重沟通保障机制，提高沟通效率，保障了安全措施及时落实。

图 2.5.1-16　可视化监控系统

图 2.5.1-17　监控摄像头

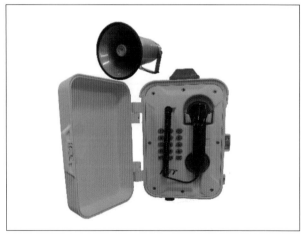

图 2.5.1-18　大功率IP电话通信系统示意图

4.应用成效

通过开展有针对性的滑模设计，完善各项安全防护设施，提高了滑模作业平台的安全性能，保障了施工的连续性，为斜、竖井的混凝土衬砌施工创造了安全的作业环境。

后续灌浆作业平台由滑模施工平台改造而成，利用可靠的提升设备进行移动，持续沿用了上述实践探索应用成果，取得了良好的效果。

5. 主要依据

本案例涉及的主要参考依据见表2.5.1-3。

表 2.5.1-3 斜、竖井混凝土滑模衬砌实践探索主要依据

依 据	内 容
《水电水利工程竖井斜井施工规范》（DL/T 5407—2019）5.1.3	衬砌前应根据设计要求、工程施工条件、结构物特征、工程总进度等编制施工方案，确定模板类型、钢筋连接形式、混凝土运输方式、浇筑及养护方法等
《水电水利工程竖井斜井施工规范》（DL/T 5407—2019）5.1.7	模板台车及滑模应有足够的强度、刚度和稳定性，钢面板厚度不宜小于10mm
《水电水利工程竖井斜井施工规范》（DL/T 5407—2019）5.1.8	滑模支撑构件及提升（拖动）设备应保证模板均衡滑动
《水电水利工程土建施工安全技术规程》（DL/T 5371—2017）7.3.3	滑模的安全技术要求： 1. 滑升机具和操作平台，应按照施工设计的要求进行安装。平台四周应有防护栏杆和安全网。 2. 操作平台应设置消防、通信和供人上下的设施，雷雨季节应设置避雷装置。 3. 操作平台上的施工荷载应均匀对称，严禁超载。 4. 操作平台上所设的洞孔，应有标志明显的活动盖板。 5. 施工电梯，应安装柔性安全卡、限位开关等安全装置，并规定上下联络信号。 6. 施工电梯与操作平台衔接处，应设安全跳板，跳板应设扶手或栏杆。 7. 滑升过程中，应每班检查并调整水平、垂直偏差，防止平台扭转和水平位移。应遵守设计规定的滑升速度与脱模时间。 8. 模板拆除应均匀对称，拆下的模板、设备应用绳索吊运至指定地点。 9. 电源配电箱，应设在操纵控制台附近，所有电气装置均应接地。 10. 冬季施工采用蒸汽养护时，蒸汽管路应有安全隔离设施。暖棚内严禁明火取暖。 11. 液压系统如出现泄漏时，应停车检修
《液压滑动模板施工安全技术规程》（JGJ 65—2013）4.0.5	警戒区内的建筑物出入口、地面通道及机械操作场所，应搭设高度不低于2.5m的安全防护棚；当滑模工程进行立体交叉作业时，上下工作面之间应搭设隔离防护棚，防护棚应定期清理坠落物
《液压滑动模板施工安全技术规程》（JGJ 65—2013）4.0.9	各种牵拉钢丝绳、滑轮装置、管道、电缆及设备等均应采取防护措施
《液压滑动模板施工安全技术规程》（JGJ 65—2013）11.0.12	滑模施工过程中，操作平台上应保持整洁，混凝土浇筑完成后应及时清理平台上的碎渣及积灰，铲除模板上口和板面的结垢，并应根据施工情况及时清除吊脚手架、防护棚等上的坠落物

2.5.2 爆破作业风险管控

爆破作业是指利用炸药的爆炸能量对介质做功，以达到预定工程目标的作业。爆破作业管控不到位，可能会导致群死群伤事故、造成不良社会影响，危害性大。因此，必须采取有针对性的措施杜绝意外爆炸、减少爆破有害效应。

1. 主要风险

爆破作业在爆破器材的运输、装卸、使用过程以及爆破后排查等环节均有可能发生意外爆炸或其他有害效应及次生灾害，导致发生安全事故或不良社会影响，主要存在以下风险：

（1）爆破器材运输车辆车况和安全设施不符合要求或将炸药雷管混装，运输过程中存在意外爆炸的风险。

（2）爆破器材运至作业面时，火种、手机、化纤制品及易燃易爆品违规带入装药现场，装药过程中产生电火花或接触明火，可能引发爆炸，存在人身伤亡的风险。

（3）起爆时，安全警戒距离不足或人员遗留在警戒区域内（含违规闯入警戒范围内），可能因爆破飞石造成人身伤亡事故，存在物体打击的风险。

（4）起爆后，盲炮清理不及时、雷管和炸药处于接触状态，扒渣过程中挤压雷管，可能引爆炸药，存在意外爆炸的风险。

（5）爆破有害效应控制不佳，可能导致爆破区域周边建筑物受到影响，尤其在征地移民阶段，可能引发不良社会影响或法律纠纷。

（6）爆破器材未装入封闭空间内，在运输过程中可能发生火工品丢失事件，造成恐慌和不良社会影响。

2. 管控措施

针对上述风险，主要管控措施如下：

（1）使用经项目所在地公安机关登记备案的专用爆破器材运输车辆，运输过程严格落实安全操作规程要求。

（2）由具备相应资质的爆破单位进行爆破设计。

（3）爆破作业单位于爆破前发布施工公告、爆破公告。

（4）从炸药运入现场开始，划定装药警戒区，对装药现场实施全程警戒、录像，安排专人在警戒区域外进行值守。

（5）爆破前，对可能受爆破影响的房屋、桥梁等建筑物进行保全，录制爆破前的影像资料。

（6）爆破期间按规范要求发布爆破警报，安排专人在爆破前开展人员排查确保警戒区内无滞留人员。

（7）在爆破结束后，开展盲炮排查。

（8）对于露天爆破或浅表爆破等易产生飞石的部位，设置防护措施。

3. 实践探索

为有效降低上述风险，提高爆破作业安全管理水平，具体实践探索情况如下：

（1）使用经项目所在地公安机关登记备案的专用爆破器材运输车辆（见图2.5.2-1），爆破器材专人专车运送到爆破作业现场，炸药与雷管分车运送。

（2）爆破器材运输车到达作业现场至少保持20m的距离停放，施工单位清点爆破器材的规格、型号、数量，未使用完的当班退库。

（3）爆破作业单位于施工前3天在作业地点张贴施工公告（见图2.5.2-2），施工公告内容应包括爆破作业项目名称、委托单位、设计施工单位、安全评估单位、安全监理单位、爆破作业时限等。装药前1天在现场张贴爆破公告，内容包括爆破地点、每次爆破时间、安全警戒范围、警戒标识、起爆信号以及交通管制要求等。

图2.5.2-1 火工品专用运输车辆

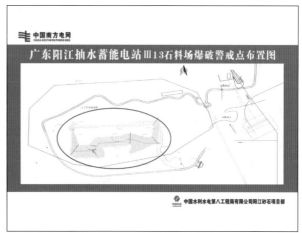

图2.5.2-2 爆破公告

（4）实施爆破作业前，应与当地气象部门联系，及时了解气象信息，严禁雷雨天装药。

（5）装药期间，在确定的安全警戒线路口布设警戒带、设立岗哨、安排专人值守，将无关人员和车辆清理出爆破警戒范围，指定专人执行警戒工作，禁止任何人带火种或手机、对讲机等带电物品进入安全警戒区域内。

（6）爆破作业单位提前将爆破时间地点告知受影响单位、签署"爆破通知单"（见图2.5.2-3）。爆破实施前由施工单位、爆破作业单位、爆破监理单位和工程监理单位联合签发"爆破作业安全施工专用作业票"（见图2.5.2-4）。

图 2.5.2-3　爆破通知单　　　　　图 2.5.2-4　爆破作业安全施工作业票

（7）采用电子警报器或手摇报警器，严格实施爆破警报机制，在爆破期间，通过对讲机、工作群等形式报告警戒到位情况、警报信号发出情况等信息。

（8）按照爆破设计的警戒范围设置警戒点，布置爆破警示牌，并安排专人值守进行交通管制（见图2.5.2-5和图2.5.2-6）。

（9）采用无人机设备检查爆破区域内是否还存在人员活动。

（10）爆破后，经通风除尘排烟确认地下空气合格、等待15min后方可进入爆破现场开展盲炮排查。

（11）采取措施对爆破有害效应进行控制和监控，采用钢筋网＋橡胶材料进行洞口封堵（见图2.5.2-7和图2.5.2-8），控制爆破产生的飞石和冲击波，同时对可能受影响的区域开展爆破有害效应检测（见图2.5.2-9），并形成正式报告（见图2.5.2-10）。

图 2.5.2-5　爆破装药警戒

图 2.5.2-6　爆破作业警戒

图 2.5.2-7　冲击波防护

图 2.5.2-8　爆破前防护

图 2.5.2-9　爆破有害效应检测

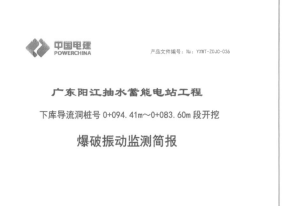

图 2.5.2-10　爆破振动监测报告

（12）为监测爆破作业对现场施工区域附近村民的影响，利用噪声检测仪对起爆前后附近区域的噪声进行监测（见图2.5.2-11），并对监测结果实时记录统计（见图2.5.2-12）。

4.应用成效

通过严格管控爆破作业的运输、装药、起爆、解除等环节，采取有效措施对爆破作业风险进行管控，减少了对周边环境、人员的影响，确保了施工安全。

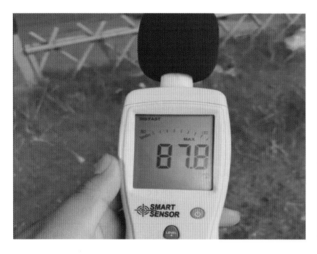

图2.5.2-11　噪声检测仪

噪声监测汇总

地名	响炮前数值	响炮时数值	增加量	备注
小水电	83.8	92.9	9.1	8月27日通风洞
忘山居	59.8	66	6.2	9月4日通风洞
老班长民宿	87.8	87.8	0	8月27日通风洞
	47.6	67.1	19.5	8月29日交通洞
	81.6	77.6	-4	8月29日通风洞
	76.2	91.4	15.2	8月31日通风洞
根据地民宿	58.5	58.5	0	8月28日通风洞
	70.6	96.9	26.3	8月30日通风洞
	53.1	58.4	5.3	9月1日交通洞
	53.6	87	33.4	9月2日通风洞
	72.9	74	1.1	9月3日通风洞
村委会	46.7	43.3	-3.4	8月30日通风洞
	39.4	55.1	15.7	8月31日通风洞
澳下村	71.6	86.8	15.2	9月1日交通洞
	78	82.8	4.8	9月1日通风洞
	71.6	76.2	4.6	9月2日通风洞
	71.6	88.5	16.9	9月3日通风洞
	87.7	84.9	-2.8	9月4日通风洞

图2.5.2-12　噪声监测统计表

5.主要依据

本案例涉及的主要参考依据见表2.5.2-1。

表2.5.2-1　爆破作业风险管控实践探索主要依据

依　据	内　容
《民用爆炸物品安全管理条例》（中华人民共和国国务院令第466号修正）第五条	民用爆炸物品生产、销售、购买、运输和爆破作业单位（以下称民用爆炸物品从业单位）的主要负责人是本单位民用爆炸物品安全管理责任人，对本单位的民用爆炸物品安全管理工作全面负责
《民用爆炸物品安全管理条例》（中华人民共和国国务院令第466号）第三十三条	爆破作业单位应当对本单位的爆破作业人员、安全管理人员、仓库管理人员进行专业技术培训。爆破作业人员应当经设区的市级人民政府公安机关考核合格，取得《爆破作业人员许可证》后，方可从事爆破作业
《民用爆炸物品安全管理条例》（中华人民共和国国务院令第466号）第三十八条	实施爆破作业，应当遵守国家有关标准和规范，在安全距离以外设置警示标志并安排警戒人员，防止无关人员进入；爆破作业结束后应当及时检查、排除未引爆的民用爆炸物品
《爆破安全规程》（GB 6722—2014）6.4.1.1	多药包起爆应连接成电爆网路、导爆管网路、导爆索网路、混合网路或电子雷管网路起爆
《水电水利工程土建施工安全技术规程》（DL/T 5371—2017）11.6.7	爆破工作负责人应根据爆区的地质、地形、水位、流速、流态、风浪和环境安全等情况布置爆破作业
《爆破作业项目管理要求》（GA 991—2012）5.2.4.1	爆破作业单位实施爆破作业所需的民用爆炸物品，由爆破作业单位依法从民用爆炸物品生产企业或销售企业自主选择购买

2.5.3 有限空间风险管控

电站建设过程中有限空间作业较多，存在通风不良、有害气体聚集等危害因素。因此，需配置有效的通风设施满足通风需求，开展常态化空气质量检测，配备个人防护用品和应急物资，保障作业人员安全。

1. 主要风险

通风设施配备不合理、气体检测不到位，可能造成有毒有害、易燃气体积聚，氧气含量不足等问题，存在人员中毒、窒息和火灾爆炸的风险。

2. 管控措施

针对上述风险，主要管控措施如下：

（1）有限空间作业现场配置有效通风设施，满足通风需求。

（2）作业前，组织相关人员开展安全交底和应急演练，并在现场配备应急物资。

（3）在有限空间作业区域配置警示标识、危险有害因素告知牌等安全标志。

（4）严格按照"先通风、再检测、后作业"的程序实施作业。

3. 实践探索

为有效降低上述风险，提高有限空间作业安全管理水平，具体实践探索情况如下：

（1）结合现场实际情况，制定有限空间作业 5 项安全组织措施（见表 2.5.3-1），编制有限空间作业专项应急预案。

表 2.5.3-1 有限空间作业 5 项安全组织措施

序号	规 定 内 容
1	建设单位应组织对工程项目有开展限空间作业风险辨识，确定风险等级并制定有针对性的风险控制措施
2	建设单位应组织对从事有限空间作业的相关人员进行培训，培训内容至少应包括： 1. 有限空间作业的危险有害因素和安全防范措施。 2. 有限空间作业安全作业规程、规定。 3. 仪器仪表、劳动防护用品的正确使用。 4. 紧急情况下的应急处置措施。 培训应有专门记录，并由参加培训的人员签字确认（可结合安全交底、站班会等形式开展）
3	建设单位应组织编制有限空间作业事故专项应急预案，并组织开展演练
4	相关方应编制专项施工方案，并组织方案会审或专家论证
5	有限空间作业开工前，相关方必须按流程办理安全施工作业许可手续

（2）开展有限空间作业风险评估，在作业现场设置有限空间安全风险告知牌和安全警示标识、应急疏散指示等（见图 2.5.3-1 和图 2.5.3-2）。

（3）作业前对全体参与有限空间作业人员开展安全交底和应急演练。

图 2.5.3-1 疏散方向安全警示牌　　图 2.5.3-2 有限空间入口警示牌

（4）在有限空间作业洞口等部位布置满足通风要求的通风设备（见图 2.5.3-3）。

图 2.5.3-3 洞口风机

（5）在有限空间作业入口处设置值班室，安排专人进行出入登记。在蜗壳进人门、尾水肘管等部位设置标准化隔离门。

（6）严格执行"先通风、再检测、后作业"的流程，在现场配置气体检测装置，实时、有效、快速地检测环境中的有毒气体和氧气含量，不达标时进行报警，并安排专人将检测结果登记造册。作业期间安排专人监护（见图 2.5.3-4）。

（7）在有限空间作业现场配备正压式呼吸器、担架、防毒面罩、消防设施等应急物资，确保应急处置及时（见图 2.5.3-5～图 2.5.3-7）。

图 2.5.3-4　气体检测装置

图 2.5.3-5　正压式呼吸器

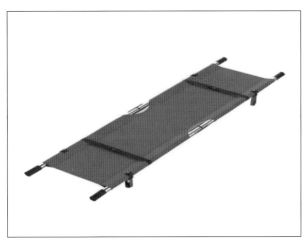

图 2.5.3-6　担架

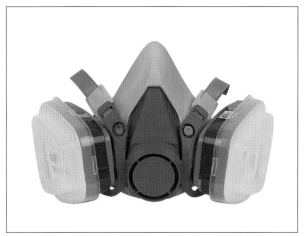

图 2.5.3-7　防毒面具

4.应用成效

通过合理布置通风设施，作业前开展安全交底和应急演练，作业期间落实"先通风、再检测、后作业"的流程、严格实施准入管理和专人监护制度，并在现场配备充足的应急物资，改善了施工作业环境，有效降低了人身风险。

5.主要依据

本案例涉及的主要参考依据见表2.5.3-2。

表 2.5.3-2　有限空间风险管控实践探索主要依据

依　据	内　容
《有限空间安全作业五条规定》（国家安全生产监督管理总局令第69号）	1.必须严格实行作业审批制度，严禁擅自进入有限空间作业。 2.必须做到"先通风、再检测、后作业"，严禁通风、检测不合格作业。 3.必须配备个人防中毒窒息等防护装备，设置安全警示标识，严禁无防护监护措施作业。

续表

依 据	内 容
《有限空间安全作业五条规定》（国家安全生产监督管理总局令第69号）	4.必须对作业人员进行安全培训，严禁教育培训不合格上岗作业。 5.必须制定应急措施，现场配备应急装备，严禁盲目施救
《工贸企业有限空间作业安全管理与监督暂行规定》（国家安全生产监督管理总局令第59号）第七条	工贸企业应当对本企业的有限空间进行辨识，确定有限空间的数量、位置以及危险有害因素等基本情况，建立有限空间管理台账，并及时更新
《工贸企业有限空间作业安全管理与监督暂行规定》（国家安全生产监督管理总局令第59号）第十二条	有限空间作业应当严格遵守"先通风、再检测、后作业"的原则。检测指标包括氧浓度、易燃易爆物质（可燃性气体、爆炸性粉尘）浓度、有毒有害气体浓度。检测应当符合相关国家标准或者行业标准的规定
《工贸企业有限空间作业安全管理与监督暂行规定》（国家安全生产监督管理总局令第59号）第十五条	在有限空间作业过程中，工贸企业应当采取通风措施，保持空气流通，禁止采用纯氧通风换气
《缺氧危险作业安全规程》（GB 8958—2006）5.3.10	严禁无关人员进入缺氧作业场所，并应在醒目处做好标志
《缺氧危险作业安全规程》（GB 8958—2006）8.4	在存在缺氧危险的作业场所，必须配备抢救器具。如：呼吸器、梯子、绳缆以及其他必要的器具和设备。以便在非常情况下抢救作业人员
《电力行业缺氧危险作业监测与防护技术规范》（DL/T 1200—2013）5.3	配备符合要求的监测和报警仪器设备、通风设备、个人防护用品、通信设备、照明及应急救援设备等，并保证所有设施处于完好状态
《电力行业缺氧危险作业监测与防护技术规范》（DL/T 1200—2013）7.2.2	缺氧危险作业场所必须采取机械强制通风措施。应保证充足的通风量，使作业场所中含氧量始终保持在19.5%以上，并充分稀释有毒气体、易燃易爆气体，以满足安全作业条件
《电力行业缺氧危险作业监测与防护技术规范》（DL/T 1200—2013）7.4.3	应在缺氧危险作业场所的出入口设置围栏和挂警示标识，未经许可，不得进入
《电力行业缺氧危险作业监测与防护技术规范》（DL/T 1200—2013）7.5.2	在日常经常性进入的缺氧危险作业场所应设置固定式检测预警装置；流动的缺氧危险作业应配置便携式检测预警装置

2.5.4 脚手架施工安全管控

电站建设过程中存在大量脚手架的搭拆和使用，施工中存在高处坠落和物体打击、坍塌等较大的安全风险，应从脚手架搭拆方案、材料质量、人员技能、防护措施等方面严格管理，确保施工安全。

1. 主要风险

脚手架作为施工现场高处作业平台和模板支撑体系搭设常用的施工措施，在整个项目实施过程中使用频率极高，在脚手架的搭设、拆除和使用过程中由于作业面的不断变化，主要存在以下风险：

（1）脚手架搭拆方案不满足规程规范和现场使用需求，易出现结构受力计算不准确，在搭拆或使用过程中存在整体结构失稳导致坍塌的风险。

（2）钢管扣件式脚手架各构配件材料质量不稳定，使用过程中反复搭拆，杆件易发生变形或损坏，导致脚手架结构稳定性下降，存在坍塌风险。

（3）钢管扣件式脚手架搭设时对搭设人员技术水平要求高，搭设人员未严格按照标准规范和脚手架搭设方案进行施工，存在架体结构不稳进而出现坍塌的风险。

（4）脚手架验收标准不明确。管理人员未严格对脚手架搭设质量进行把关，不能及时消除脚手架搭设过程中存在的安全隐患，导致不合格脚手架投入使用，存在由于防护设施不到位、材料不合格、结构不合理等导致高处坠落、物体打击和坍塌的风险。

2. 管控措施

针对上述风险，主要管控措施如下：

（1）组织专业技术人员基于施工现场的需要编制脚手架搭拆专项施工方案，经审批通过后组织实施。

（2）对脚手架搭设材料和搭拆人员资质进行严格审查，确认材质符合规范和方案要求、人员资质符合要求。

（3）基于施工方案编制脚手架验收表，明确验收具体参数和标准。搭设完成后开展联合验收，验收合格后挂牌使用。

（4）对脚手架开展动态挂牌管理，实时掌控脚手架的状态。

（5）引入安全性能更高、搭拆更便捷的承插型盘扣式脚手架。

3. 实践探索

为有效降低上述风险，提高脚手架安全管理水平，具体实践探索情况如下：

（1）施工单位组织编制脚手架搭拆专项施工方案，开展受力计算，选用合规的脚手架材料，明确间排距、连墙件、剪刀撑等技术要求。达到危险性较大分部分项工程的，由施工单位总部技术负责人组织审查，超过一定规模的危险性较大分部分项工程组织专家论证。开工前，由施工单位技术负责人组织开展安全技术交底。

（2）严格对脚手架搭拆人员及材料进行入场审查，确保人员资质符合要求、材质满足规范要求，脚手架搭拆人员持证上岗。

（3）通过合理的施工组织，有效管控脚手架外立面临边防护设置不及时的问题。当作业层处于脚手架中段时，在作业层上方脚手架步距之间加设一根大横杆作为临边防护栏杆（见图2.5.4-1）；当作业层处于脚手架顶部时，需保障作业层立杆高度不小于1.2m、设置两排大横杆，安装成品钢踢脚板（见图2.5.4-2），外立面张挂密目式安全网（见图2.5.4-3）。脚手板使用厂家预制的标准钢脚手板（见图2.5.4-4）。

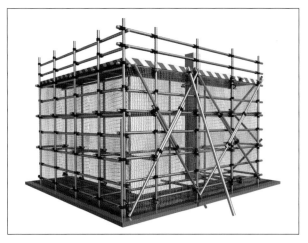

图 2.5.4-1 脚手架临边防护三维图

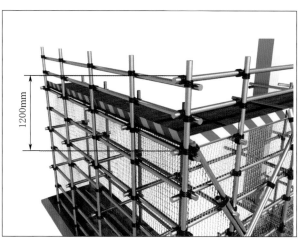

图 2.5.4-2 脚手架顶部防护三维图

图 2.5.4-3 脚手架现场实例

图 2.5.4-4 钢脚手板铺设图

（4）对照施工方案中的技术参数编制脚手架验收表（见图2.5.4-5和图2.5.4-6），明确需验收的具体参数和标准。脚手架搭设完成后由施工单位安全、质量、技术、生产部门开展联合验收，监理单位复验合格后，在脚手架显著位置上张贴验收合格牌（见图2.5.4-7），方可投入使用。

（5）脚手架施工过程中实施动态挂牌管理，脚手架停用时，悬挂红色停用牌（见图2.5.4-8）。搭设和拆除中的脚手架悬挂黄色状态牌（见图2.5.4-9）。同时，施工单位安排专人定期对脚手架开展检查，及时消除安全隐患。

图 2.5.4-5　承插型盘扣式脚手架验收表

钢管扣件式脚手架验收表

施工单位		分部工程名称	
施工部位		排架用途	
搭设高度及设计荷载		验收日期	年　月　日

序号	项目	技术要求和允许偏差	实测结果(检查情况)	结论
1	地基、基础	不直接于土地面，地基平整坚实，不积水		
		垫板长度不少于二跨，不晃动，木垫板厚度不小于50mm，可采用槽钢		
		坑槽处，立杆下到槽底或在槽上设道木或槽钢		
		距旁边沟槽，架高30m以下时，不小于1.5m，架高30~50m时，不小于2m		
2	立杆、纵向水平杆(大横杆)、横向水平杆(小横杆)间距	立杆间距小于　　　m		
		纵向水平杆小于　　　m		
		横向水平杆小于　　　m		
		纵向水平杆设在立杆内侧		
3	立杆垂直度	垂直度偏差不大于架高的1/300　架高≤20m时，不大于±50mm；>20m且≤50m时，为不大于±75mm；>50m时应不大于±100mm		
4	纵向水平杆高差	同一排纵向水平杆的水平偏差不大于该片脚手架总长度的1/250，不大于±50mm。		
5	纵、横向扫地杆	纵向扫地杆固定在距底座不大于0.2m的立杆上		
		横向扫地杆固定在纵向扫地杆下方立杆上		
6	支杆(斜撑、抛撑、剪刀撑)	每道剪刀撑跨越立杆根数应>4根(且不小于6m)≤7根立杆。斜杆与地面的夹角在45°~60°之间，剪刀撑斜杆接长应采用搭接或对接，采用搭接时接长长度不得小于1m，并应采用两个旋转扣件固定。		
		剪刀撑从底部至顶部连续设置(单、双排脚手架的立面剪刀撑，满堂脚手架、满堂支撑架纵、横向及水平剪刀撑的设置位置及具体要求按照《建筑施工扣件式钢管脚手架安全技术规范》执行)		
7	连墙件	竖向每隔4m、横向每隔7m设置，脚手架高度24m以下刚、柔性连墙件配合使用，高度24m以上必须采用刚性连墙件		

图 2.5.4-6　钢管扣件式脚手架验收表

中国南方电网 CHINA SOUTHERN POWER GRID

脚手架(台车)验收合格牌

施工单位：			
使用部位：			
搭设高度：		是否危大工程：是 □　　否 □	
设计荷载：			
施工单位自检人员：	工程部	质量部	安全部
监理验收人员及联系方式：	工程监理		安全监理
验收时间：			
准用日期：	年　月　日—	年　月　日	

中国水利水电第七工程局有限公司 SINOHYDRO BUREAU NO.7CO., LTD.

图 2.5.4-7　脚手架验收合格牌

中国南方电网 CHINA SOUTHERN POWER GRID

脚手架停用标识牌

搭设单位：	隐患问题：
搭设部位：	停用时间：
责任人：	检查人：

中国水利水电第七工程局有限公司 SINOHYDRO BUREAU NO.7CO., LTD.

图 2.5.4-8　脚手架停用标识牌

（6）使用承插型盘扣式脚手架，用于高支模等危大工程或有承重要求的脚手架工程。盘扣式脚手架由立杆、横杆、斜拉杆三类构件组成（见图2.5.4-10和图2.5.4-11），具有功能性强、结构少、搭拆便捷、承载能力大、安全可靠、综合性能优异等特点，使用过程中因杆件为固定间距、连接节点均为承插连接（见图2.5.4-12~图2.5.4-14），更便于搭拆、检查与验收，提高了脚手架整体安全性能与施工效率（见图2.5.4-15）。

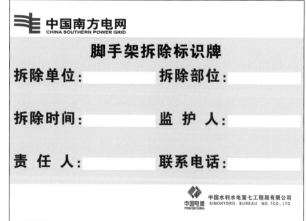

（a）搭设　　　　　　　　　　　　　　　（b）拆除

图2.5.4-9　脚手架搭设/拆除标识牌

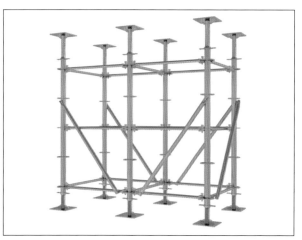

图2.5.4-10　盘扣式脚手架三维图

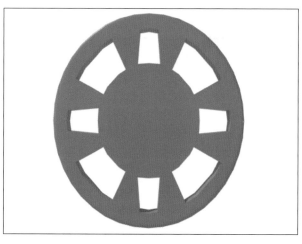

图2.5.4-11　盘扣式脚手架圆盘

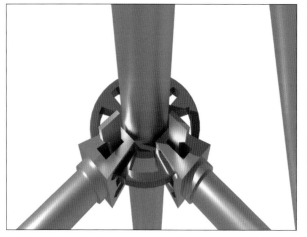

图2.5.4-12　盘扣式脚手架连接处

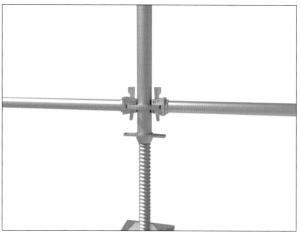

图2.5.4-13　盘扣式脚手架可调底座

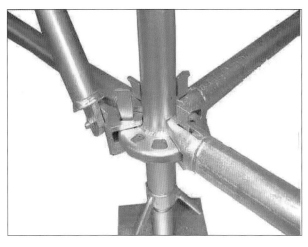 

图 2.5.4-14 盘扣式脚手架斜拉杆连接处　　　图 2.5.4-15 盘扣式脚手架应用实例

4.应用成效

通过规范脚手架日常管理，应用新型盘扣式脚手架，有效管控了脚手架施工存在的诸多安全风险，提高了脚手架风险管控水平，确保了施工安全。

5.主要依据

本案例涉及的主要参考依据见表2.5.4-1。

表 2.5.4-1 脚手架施工实践探索主要依据

依　据	内　容
《建筑施工脚手架安全技术统一标准》（GB 51210—2016）条文说明8.2.2	作业脚手架连墙件是保证架体侧向稳定的重要构件,是作业脚手架设计计算的主要基本假定条件,对作业脚手架连墙件设置作出规定的目的是控制作业脚手架的失稳破坏形态,保证架体达到专项施工方案设计规定的承载力
《建筑施工脚手架安全技术统一标准》（GB 51210—2016）条文说明8.2.8	本条是对作业脚手架作业层安全防护的基本要求。特别应注意的是作业层边缘与建筑物之间的间隙如果大于150mm时，极易发生坠落事故，应采取封闭防护措施。作业层外侧的防护栏杆应设置两道，上道栏杆安装高度为1.2m，下道栏杆居中布置。挡脚板应设在距作业层面180mm高的位置。栏杆、挡脚板应与立杆固定牢固
《建筑施工脚手架安全技术统一标准》（GB 51210—2016）条文说明10.0.2	在搭设完工后或阶段使用前，应进行搭设施工质量检查、验收。其中阶段使用前，是指作业脚手架每搭设一个楼层高度,可能因楼层施工需阶段使用的情况
《建筑施工脚手架安全技术统一标准》（GB 51210—2016）条文说明11.2.4、11.2.5	在脚手架作业层栏杆上设置安全网或采取其他措施封闭防护，是为了保证作业层操作人员安全，也是为了防止坠物伤人。根据近年脚手架火灾事故调查显示，脚手架上的安全防火越来越重要，因此本标准要求密目式安全网应为阻燃产品。本标准第11.2.5条所规定的硬防护措施，主要是为了防止落物伤人，避免尖硬物体穿透安全网

依　据	内　容
《建筑施工脚手架安全技术统一标准》（GB 51210—2016）条文说明11.2.9	搭设和拆除脚手架作业的操作过程中，由于部分杆件、构配件是处于待紧固（或已拆除待运走）的不稳定状态，极易落物伤人，因此，搭设拆除脚手架作业时，需设置警戒线、警戒标志，并派专人监护，禁止非作业人员入内
《水电水利工程施工安全防护设施技术规范》（DL 5162—2013）3.2.1	高处作业面的临空边沿，必须设置安全防护栏杆。在悬崖、陡坡、杆塔、坝块、脚手架以及其他高处危险边沿进行悬空高处作业时，临边必须设置防护栏杆，并应根据施工具体情况，挂设水平安全网或设置相应的吊篮、吊笼、平台等设施。作业人员应佩戴安全带、安全绳等个体防护用品
《水电水利工程施工安全防护设施技术规范》（DL 5162—2013）3.2.4	脚手架作业面高度超过3.00m时，临边必须挂设水平安全网，还应在脚手架外侧挂立网封闭。脚手架的水平安全网必须随建筑物升高而升高，安全网距离工作面的最大高度不得超过3.00m
《水电水利工程施工安全防护设施技术规范》（DL 5162—2013）3.2.6	脚手架拆除时，在拆除物坠落范围的外侧必须设有安全围栏与醒目的安全警示标志
《建筑施工高处作业安全技术规范》（JGJ 80—2016）4.1.1	坠落高度基准面2m及以上进行临边作业时，应在临空一侧设置防护栏杆，并应采用密目式安全立网或工具式栏板封闭
《建筑施工高处作业安全技术规范》（JGJ 80—2016）4.3.1	临边作业的防护栏杆应由横杆、立杆及挡脚板组成，防护栏杆应符合下列规定： 1.防护栏杆应为两道横杆，上杆距地面高度应为1.2m，下杆应在上杆和挡脚板中间设置。 2.当防护栏杆高度大于1.2m时，应增设横杆，横杆间距不应大于600mm。 3.防护栏杆立杆间距不应大于2m。 4.挡脚板高度不应小于180mm
《建筑施工承插型盘扣式钢管脚手架安全技术标准》（JGJ/T 231—2021）6.1	1.脚手架的构造体系应完整，脚手架应具有整体稳定性。 2.应根据施工方案计算得出的立杆纵横向间距选用定长的水平杆和斜杆，并应根据搭设高度组合立杆、基座、可调托撑和可调底座。 3.脚手架搭设步距不应超过2m。 4.脚手架的竖向斜杆不应采用钢管扣件。 5.当标准型（B型）立杆荷载设计值大于40kN，或重型（Z型）立杆荷载设计值大于65kN时，脚手架顶层步距应比标准步距缩小0.5m
《建筑施工扣件式钢管脚手架安全技术规范》（JGJ 130—2011）6.2.4	脚手板的设置应符合下列规定： 1.作业层脚手板应铺满、铺稳、铺实。 2.冲压钢脚手板、木脚手板、竹串片脚手板等，应设置在三根横向水平杆上。当脚手板长度小于2m时，可采用两根横向水平杆支承，但应将脚手板两端与横向水平杆可靠固定，严防倾翻。脚手板的铺设应采用对接平铺或搭接铺设。脚手板对接平铺时，接头处应设两根横向水平杆，

续表

依 据	内 容
《建筑施工扣件式钢管脚手架安全技术规范》（JGJ 130—2011）6.2.4	脚手板外伸长度应取130mm~150mm，两块脚手板外伸长度的和不应大于300mm；脚手板搭接铺设时，接头应支在横向水平杆上，搭接长度不应小于200mm，其伸出横向水平杆的长度不应小于100mm
《建筑施工扣件式钢管脚手架安全技术规范》（JGJ 130—2011）7.3.13	脚手板的铺设应符合下列规定： 1. 脚手板应铺满、铺稳，离墙面的距离不应大于150mm。 2. 采用对接或搭接时均应符合本规范第6.2.4条的规定；脚手板探头应用直径3.2mm的镀锌钢丝固定在支承杆件上。 3. 在拐角、斜道平台口处的脚手板，应用镀锌钢丝固定在横向水平杆上，防止滑动

2.5.5 起重吊装风险管控

电站建设过程中存在大量吊装作业，受现场环境变化快、多工种交替作业、吊装影响区域大等不利因素的影响，起重伤害风险分布较广，需从人员技能、设备可靠性、场地布置等方面系统规划起重吊装管理。

1. 主要风险

起重作业过程中，主要存在以下风险：

（1）起重作业人员技能不足，易出现吊物捆绑不牢、指挥不当、操作失误等，存在高空坠物、机械伤害等风险。

（2）起重设备和工器具不满足吊装要求，超负荷使用，存在倾覆、吊物坠落、吊臂折断等风险。

（3）警戒区域布置不合理，已发生其他人员和设备误入吊装范围，存在机械伤害的风险。

（4）日常维护不到位，导致起重设备和工器具性能衰减，存在机械伤害和吊物坠落的风险。

2. 管控措施

针对上述风险，主要管控措施如下：

（1）起重设备操作人员、指挥人员、司索人员必须经过安全教育培训，考试合格后，持证上岗。

（2）选取合适的起重设备和工器具，设备性能必须与吊物重量相匹配。

（3）合理规划吊装和警戒区域，设置可靠的管控措施，防止无关人员和设备进入警戒区域。

（4）加强起重设备和工器具的日常维护保养，使其性能满足吊装作业需要。

3. 实践探索

为有效降低上述风险，提高电站建设起重吊装作业安全管理水平，具体实践探索情况如下：

（1）作业前由承包商对作业人员资质进行报审，经监理单位审核，其资质满足要求，经起重安全教育培训并考试合格后方可上岗。作业前组织安全技术交底，起重人员全面熟悉吊运场地情况，了解被吊物体的重量、尺寸及形状，考虑各种安全因素，确定安全吊运方法，选用符合安全标准的起吊设备和起重工器具，吊索安全系数满足规范要求。

（2）吊装作业划定作业警戒范围，起吊作业过程中安排专人指挥，指挥信号统一明确（见图 2.5.5-1）。在地下厂房空间受限的位置，针对吊装通道和人行通道难以明确区分的问题，设立安全避让指示牌和镭射激光分割线，明确吊装作业区域和避让区域，防止无关人员和设备进入危险区域（见图 2.5.5-2 和图 2.5.5-3）。

（3）加强起重设备和工器具的日常维护保养，地下厂房内设置钢丝绳专用工具箱，张贴钢丝绳可视化检查对照标识牌（见图 2.5.5-4），使用前对照检查钢丝绳有无绳股折断、绳径减小、磨损、断丝、腐蚀、变形、卡具松扣滑脱等问题，发现问题立即更换。

图 2.5.5-1　吊装安全警戒区域

图 2.5.5-2　安全避让指示牌　　　　图 2.5.5-3　镭射激光分割线

（4）散件、小件吊运时采用专用封闭吊笼，防止吊物散落（见图2.5.5-5）。

图 2.5.5-4　安装间起重工器具摆放图　　图 2.5.5-5　散件、小件吊装专用封闭吊笼

4.应用成效

通过制定合理吊装方案、划定警戒区域、加强日常保养、采用镭射激光分割线及使用专用吊笼等措施，有效降低了起重吊装过程中起重伤害、物体打击的风险，保障了吊装作业的安全。

5.主要依据

本案例涉及的主要参考依据见表2.5.5-1。

表 2.5.5-1　起重吊装作业实践探索主要依据

依　据	内　容
《电力建设工程施工安全管理导则》（NB/T 10096—2018）13.2.2.11	起重设备试运转前，应按下列要求进行检查： 1.液压系统、变速箱、各润滑点及运动机构，所有润滑油的性能、规格和数量应符合随机技术文件的规定。

依　据	内　容
《电力建设工程施工安全管理导则》（NB/T 10096—2018）13.2.2.11	2.制动器、超速限速保护、超电压及欠电压保护、过电流保护装置等，应按随机技术文件的要求调整和整定。 3.限位装置、电器装置、联锁装置和紧急断电装置，应灵敏、正确、可靠。 4.电动机的运转方向、手轮、手柄、按钮和控制器的操作指示方向，应与机构的运动及动作的实际方向要求相一致。 5.钢丝绳端的固定及其在取物装置、滑轮组合卷筒上的缠绕，应正确可靠。 6.缓冲器、车挡、夹轨器、锚定装置等应安装正确、动作灵敏、安全可靠
《电力建设工程施工安全管理导则》（NB/T 10096—2018）13.2.3.6	特种设备使用单位应根据不同施工阶段、周围环境以及季节、气候的变化，对起重机械采取相应的安全防护措施
《电力建设工程施工安全管理导则》（NB/T 10096—2018）13.2.5.3	起重机械作业过程中，凡属下列情况之一者（包括但不限于），施工项目负责人、技术人员、安监人员以及专业监理工程师必须在场监督，并办理安全施工作业票，否则不得施工： 1.起重机械负荷试验。 2.重量达到起重机械额定负荷的90%及以上。 3.两台及以上起重机械联合作业。 4.起吊精密物件、不易吊装的大件或在复杂场所进行大件吊装。 5.起重机械在架空导线下方或距带电体较近时。 6.爆炸品、危险品起吊时
《建筑施工安全检查标准》（JGJ 59—2011）3.18.4	1.起重吊装 起重机作业时，任何人不应停留在起重臂下方，被吊物不应从人的正上方通过。 2.警戒监护 （1）应按规定设置作业警戒区。 （2）警戒区应设专人监护

2.5.6　高处作业风险管控

电站建设过程中高处作业多，需重点做好防止高处坠落的风险管控措施，为作业人员和管理人员提供安全的工作环境和必要的防高处坠落工器具，保障作业人员安全。

1.主要风险

电站建设过程中因临边和孔洞防护不到位，现场缺少可靠的安全带挂点，高处作业人员人身安全难以得到有效保障，主要存在以下风险：

（1）在临边和孔洞等作业环境下进行高处作业，因防护措施不到位或未使用可靠个人防护用品，易出现踏空、滑倒、失稳等情况，存在人员高处坠落的风险。

（2）在上下垂直爬梯或桥机安装等特殊作业条件下，高处作业安全工器具是保障安全的唯一手段，若施工现场无法提供可靠安全带挂点，易导致作业人员冒险作业，存在人员高处坠落的风险。

（3）安全防护设施设备和工器具存在老化、磨损和性能衰减等问题，未得到及时发现和改善，存在作业人员高处坠落的风险。

2.管控措施

针对上述风险，主要管控措施如下：

（1）按照"三同时"要求，在施工方案中明确高处作业安全防护设施设备和必要的防护用品。严格按方案设置防护设施设备，提供可靠的防高处坠落的个人防护用品，并对高处作业安全防护的有效性进行检查。

（2）在无法有效设置安全防护设施设备的特殊作业环境下，合理布置安全带挂点，采用安全高效的防高坠工器具，既保障安全，又提高作业效率。

（3）制定安全防护设施设备和个人防护用品检查机制，对安全防护设施设备和工器具进行定期和不定期隐患排查，保证其性能完好。

3.实践探索

为有效降低上述安全风险，及时合理设置防高坠安全设施设备，采用水平生命保护线、速差自控器、安全自锁器、高空作业车等安全、先进的设施设备，保证高处作业人员安全，具体实践探索情况如下：

（1）在桥机行走的岩锚梁上方安装水平生命线。厂房开挖至岩壁吊车梁时，布设锚杆，作为水平生命保护线的受力基础，再将水平生命保护线挂点连接件与锚杆焊接，水平生命保护线钢丝绳贯穿连接件，移动连接装置与钢丝绳套连。作业人员在不解安全带的情况下，可以在岩壁吊车梁上自由行走（见图2.5.6-1）。

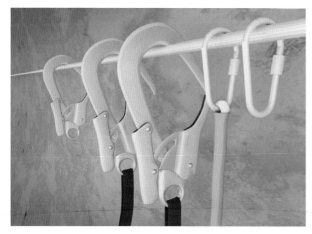

图 2.5.6-1　水平生命保护线

（2）采石场高处作业人员使用"安全绳+速差自控器"双保险措施，安全绳和速差自控器分别固定在不同的稳固物体或地锚上，增加作业安全系数，确保作业人员安全（见图2.5.6-2）。

（3）为保护高处作业人员施工安全，采用钢直爬梯上下攀登时，必须使用安全自锁器（见图2.5.6-3）。

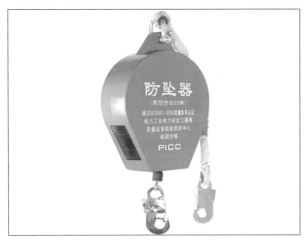

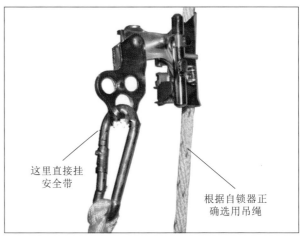

图 2.5.6-2　速差自控器　　　　　图 2.5.6-3　安全自锁器

（4）采用高空作业车代替施工辅助设施施工，提高作业安全性，减少因施工辅助设施存在隐患而带来的安全风险（见图2.5.6-4）。

图 2.5.6-4　高空作业车

4. 应用成效

施工现场水平生命保护线、速差自控器、安全自锁器、高空作业车等设施的应用，实现了作业人员在高空作业时的有效防护，有效降低了作业人员高处坠落的风险。

5. 主要依据

本案例涉及的主要参考依据见表2.5.6-1。

表 2.5.6-1　高处作业实践探索主要依据

依　　据	内　　容
《水电水利工程施工安全防护设施技术规范》（DL 5162—2013）3.2.1	高处作业面的临空边沿，必须设置安全防护栏杆。在悬崖、陡坡、杆塔、坝块、脚手架以及其他高处危险边沿进行悬空高处作业时，临边必须设置防护栏杆，并应根据施工具体情况，挂设水平安全网或设置相应的吊篮、吊笼、平台等设施。作业人员应佩戴安全带、安全绳等个体防护用品
《水电水利工程施工通用安全技术规程》（DL/T 5370—2017）6.2.6	高处作业人员应系安全带，作业的下方应设置警戒线或隔离防护棚
《建筑施工高处作业安全技术规范》（JGJ 80—2016）3.0.5	高处作业人员应根据作业的实际情况配备相应的高处作业安全防护用品，并应按规定正确佩戴和使用相应的安全防护用品、用具

第 3 章
展望

　　本书以抽水蓄能电站建设为背景，针对工程建设施工中存在的安全风险，结合项目建设实践案例，就如何降低安全风险、提升整体安全管理水平，进行了探索和总结，提出了解决方案。但抽水蓄能电站项目是一个庞杂的工程，涉及人、物、环境和管理等多方面内容，风险分布广、危害因素多，本书仅对项目建设过程中的成熟案例进行总结，还有大量风险因素需要做深入的分析和总结，部分行业惯例不能做到对安全风险的有效管控、部分施工工艺已经落后，需要通过大量的研究和实践进行完善。作者将在目前安全管理实践探索的基础上，继续深入分析施工建设中的危险点以及相关管理因素，由表及本、由点到面，对安全生产和文明生产的基本理论以及体系建设做进一步的研究和探索，立足降低风险、消除隐患，应用先进的技术和工艺，开展安全管理和安全设施研究应用，力争早日建立一套可在抽水蓄能电站建设全过程进行应用的安全管理制度标准、安全技术措施和安全设施，在最大限度降低施工安全风险等级，更好地推动安全与经济的协调发展。

　　本书观点和所列举案例均为编者根据工程建设经历和经验总结而得，供电站建设相关单位及相关管理人员参考，也希望广大读者对本书提出宝贵意见和建议，以期为更多读者分享更加系统、全面的电站建设安全管理经验和知识。

参 考 文 献

[1] 国家卫生和计划生育委员会. 职业健康监护技术规范: GBZ 188—2014[S]. 北京: 中国标准出版社, 2014.

[2] 中华人民共和国住房和城乡建设部. 建设工程施工现场供用电安全规范: GB 50194—2014[S]. 北京: 中国计划出版社, 2015.

[3] 中华人民共和国住房和城乡建设部. 建筑施工安全技术统一规范: GB 50870—2013[S]. 北京: 中国计划出版社, 2014.

[4] 中华人民共和国国家质量监督检验检疫总局, 中国国家标准化管理委员会. 安全标志及其使用导则: GB 2894—2008[S]. 北京: 中国标准出版社, 2009.

[5] 中华人民共和国国家质量监督检验检疫总局, 中国国家标准化管理委员会. 施工升降机安全规程: GB 10055—2007[S]. 北京: 中国标准出版社, 2007.

[6] 中华人民共和国住房和城乡建设部, 中华人民共和国国家质量监督检验检疫总局. 施工企业安全生产管理规范: GB 50656—2011[S]. 北京: 中国计划出版社, 2012.

[7] 中华人民共和国住房和城乡建设部. 建筑施工脚手架安全技术统一标准: GB 51210—2016[S]. 北京: 中国建筑工业出版社, 2017.

[8] 中华人民共和国国家质量监督检验检疫总局, 中国国家标准化管理委员会. 固定式钢梯及平台安全要求 第1部分: 钢直梯: GB 40531.1—2009[S]. 北京: 中国标准出版社, 2009.

[9] 中华人民共和国国家质量监督检验检疫总局, 中国国家标准化管理委员会. 电业安全工作规程 第1部分: 热力和机械: GB 26164.1—2010 [S]. 北京: 中国标准出版社, 2011.

[10] 中华人民共和国国家质量监督检验检疫总局, 中国国家标准化管理委员会. 罐笼安全技术要求: GB 16542—2010[S]. 北京: 中国标准出版社, 2011.

[11] 中华人民共和国国家质量监督检验检疫总局, 中国国家标准化管理委员会. 缺氧危险作业安全规程: GB 8958—2006[S]. 北京: 中国标准出版社, 2006.

[12] 中华人民共和国国家质量监督检验检疫总局, 中国国家标准化管理委员会. 爆破安全规程: GB 6722—2014[S]. 北京: 中国标准出版社, 2015.

[13] 国家市场监督管理总局, 国家标准化管理委员会. 职业健康安全管理体系 要求及使用指南:

GB/T 45001—2020[S]. 北京：中国标准出版社，2020.

[14] 中华人民共和国国家质量监督检验检疫总局，中国国家标准化管理委员会. 质量管理体系 要求：GB/T 19001—2016[S]. 北京：中国标准出版社，2017.

[15] 中华人民共和国国家质量监督检验检疫总局，中国国家标准化管理委员会. 环境管理体系 要求及使用指南：GB/T 24001—2016[S]. 北京：中国标准出版社，2016.

[16] 中华人民共和国国家质量监督检验检疫总局，中国国家标准化管理委员会. 起重机械 滑轮： GB/T 27546—2011[S]. 北京：中国标准出版社，2012.

[17] 中华人民共和国国家质量监督检验检疫总局，中国国家标准化管理委员会. 粗直径钢丝绳： GB/T 20067—2017[S]. 北京：中国标准出版社，2017.

[18] 中华人民共和国国家质量监督检验检疫总局，中国国家标准化管理委员会. 高处作业吊篮： GB/T 19155—2017[S]. 北京：中国标准出版社，2017.

[19] 中华人民共和国国家质量监督检验检疫总局，中国国家标准化管理委员会. 坠落防护 带刚 性导轨的自锁器：GB/T 24542—2009[S]. 北京：中国标准出版社，2010.

[20] 中华人民共和国国家质量监督检验检疫总局，中国国家标准化管理委员会. 坠落防护 安全 绳：GB/T 24543—2009[S]. 北京：中国标准出版社，2010.

[21] 中华人民共和国国家质量监督检验检疫总局，中国国家标准化管理委员会. 坠落防护 速差 自控器：GB/T 24544—2009[S]. 北京：中国标准出版社，2010.

[22] 中华人民共和国国家质量监督检验检疫总局，中国国家标准化管理委员会. 钢丝绳通用技 术条件：GB/T 20118—2017[S]. 北京：中国标准出版社，2017.

[23] 中华人民共和国国家质量监督检验检疫总局，中国国家标准化管理委员会. 安全色和安 全标志 安全标志的分类、性能和耐久性：GB/T 26443—2010[S]. 北京：中国标准出版社， 2011.

[24] 中华人民共和国国家质量监督检验检疫总局，中国国家标准化管理委员会. 企业安全生产 标准化基本规范：GB/T 33000—2016[S]. 北京：中国标准出版社，2016.

[25] 中华人民共和国国家质量监督检验检疫总局，中国国家标准化管理委员会. 头部防护 安 全帽选用规范：GB/T 30041—2013[S]. 北京：中国标准出版社，2014.

[26] 国家市场监督管理总局，国家标准化管理委员会. 生产经营单位生产安全事故应急预案编 制导则：GB/T 29639—2020[S]. 北京：中国标准出版社，2020.

[27] 中华人民共和国住房和城乡建设部. 建筑工程绿色施工评价标准：GB/T 50640—2010[S]. 北 京：中国计划出版社，2011.

[28] 中华人民共和国国家质量监督检验检疫总局，中国国家标准化管理委员会. 气瓶搬运、装 卸、储存和使用安全规定：GB/T 34525—2017[S]. 北京：中国标准出版社，2017.

[29] 中华人民共和国国家质量监督检验检疫总局，中国国家标准化管理委员会. 建筑施工机械

与设备 混凝土搅拌站（楼）: GB/T 10171—2016[S]. 北京: 中国标准出版社, 2016.

[30] 中华人民共和国公安部. 爆破作业项目管理要求: GA 991—2012[S]. 北京: 中国标准出版社, 2012.

[31] 国家能源局. 电力建设工程施工安全管理导则: NB/T 10096—2018[S]. 北京: 中国电力出版社, 2019.

[32] 国家能源局. 水电工程砂石加工系统设计规范: NB/T 10488—2021[S]. 北京: 中国水利水电出版社, 2021.

[33] 国家能源局. 水电水利工程施工安全防护设施技术规范: DL 5162—2013[S]. 北京: 中国电力出版社, 2014.

[34] 国家能源局. 水电水利工程施工作业人员安全操作规程: DL/T 5373—2017[S]. 北京: 中国电力出版社, 2017.

[35] 国家能源局. 水电水利工程施工基坑排水技术规范: DL/T 5719—2015[S]. 北京: 中国电力出版社, 2015.

[36] 国家能源局. 汽车起重机安全操作规程: DL/T 5250—2010[S]. 北京: 中国电力出版社, 2010.

[37] 国家能源局. 电力高处作业防坠器: DL/T 1147—2018[S]. 北京: 中国电力出版社, 2018.

[38] 国家能源局. 水电水利工程施工安全生产应急能力评估导则: DL/T 5314—2014[S]. 北京: 中国电力出版社, 2014.

[39] 国家能源局. 水电水利工程施工机械安全操作规程 反井钻机: DL/T 5701—2014[S]. 北京: 中国电力出版社, 2015.

[40] 国家能源局. 水电水利工程施工机械安全操作规程 装载机: DL/T 5263—2010[S]. 北京: 中国电力出版社, 2011.

[41] 国家能源局. 水电水利工程施工机械安全操作规程 塔式起重机: DL/T 5282—2012[S]. 北京: 中国电力出版社, 2012.

[42] 国家能源局. 水电水利工程施工机械安全操作规程 专用汽车: DL/T 5302—2013[S]. 北京: 中国电力出版社, 2014.

[43] 国家能源局. 水电水利工程施工机械安全操作规程 运输类车辆: DL/T 5305—2013[S]. 北京: 中国电力出版社, 2014.

[44] 国家能源局. 水电水利工程施工机械安全操作规程 混凝土运输车: DL/T 5773—2018[S]. 北京: 中国电力出版社, 2019.

[45] 国家能源局. 水电水利地下工程地质超前预报技术规程: DL/T 5783—2019[S]. 北京: 中国电力出版社, 2019.

[46] 国家能源局. 水电水利工程场内施工道路技术规范: DL/T 5243—2010[S]. 北京: 中国电力出版社, 2010.

[47] 国家能源局. 水电水利工程项目建设管理规范：DL/T 5432—2021[S]. 北京：中国电力出版社，2021.

[48] 国家能源局. 水电水利工程施工通用安全技术规程：DL/T 5370—2017[S]. 北京：中国电力出版社，2018.

[49] 国家能源局. 电力行业缺氧危险作业监测与防护技术规范：DL/T 1200—2013[S]. 北京：中国电力出版社，2013.

[50] 国家能源局. 水工建筑物地下工程开挖施工技术规范：DL/T 5099—2011[S]. 北京：中国电力出版社，2011.

[51] 国家能源局. 水电水利工程竖井斜井施工规范：DL/T 5407—2019[S]. 北京：中国电力出版社，2020.

[52] 国家能源局. 水电水利地下工程施工测量规范：DL/T 5742—2016[S]. 北京：中国电力出版社，2017.

[53] 中华人民共和国住房和城乡建设部. 建筑施工高处作业安全技术规范：JGJ 80—2016[S]. 北京：中国建筑工业出版社，2016.

[54] 中华人民共和国住房和城乡建设部. 建筑施工安全检查标准：JGJ 59—2011[S]. 北京：中国建筑工业出版社，2012.

[55] 中华人民共和国住房和城乡建设部. 液压滑动模板施工安全技术规程：JGJ 65—2013[S]. 北京：中国建筑工业出版社，2014.

[56] 中华人民共和国住房和城乡建设部. 施工现场机械设备检查技术规范：JGJ 160—2016[S]. 北京：中国建筑工业出版社，2017.

[57] 中华人民共和国住房和城乡建设部. 建设工程施工现场环境与卫生标准：JGJ 146—2013[S]. 北京：中国建筑工业出版社，2014.

[58] 中华人民共和国住房和城乡建设部. 建筑施工高处作业安全技术规范：JGJ 80—2016[S]. 北京：中国建筑工业出版社，2016.

[59] 中华人民共和国住房和城乡建设部. 建筑拆除工程安全技术规范：JGJ 147—2016[S]. 北京：中国建筑工业出版社，2017.

[60] 中华人民共和国住房和城乡建设部. 建筑施工扣件式钢管脚手架安全技术规范：JGJ 130—2011[S]. 北京：中国建筑工业出版社，2011.

[61] 中华人民共和国住房和城乡建设部. 建筑施工门式钢管脚手架安全技术标准：JGJ/T 128—2019[S]. 北京：中国建筑工业出版社，2019.

[62] 中华人民共和国建设部. 施工现场临时用电安全技术规范：JGJ 46—2005[S]. 北京：中国建筑工业出版社，2005.

[63] 中华人民共和国住房和城乡建设部. 施工企业安全生产评价标准：JGJ/T 77—2010[S]. 北京：

中国建筑工业出版社，2010.

[64] 中华人民共和国住房和城乡建设部.建筑施工承插型盘扣式钢管脚手架安全技术标准：JGJ/T 231—2021[S].北京：中国建筑工业出版社，2021.

[65] 习近平在第七十五届联合国大会一般性辩论上发表重要讲话[N].人民日报，2020-09-23（001）.

[66] 习近平.继往开来，开启全球应对气候变化新征程[N].人民日报，2020-12-13（002）.

[67] 推动平台经济规范健康持续发展把碳达峰碳中和纳入生态文明建设整体布局[N].人民日报，2021-03-16（001）.

[68] 胡鞍钢.中国实现2030年前碳达峰目标及主要途径[J].北京工业大学学报（社会科学版），2021，21（3）：1-15.

[69] 王富.水利工程建设安全问题及管理对策分析[J].黑龙江科学，2019，10（2）：146-147.

[70] 蒋迪，信永达，杨帆.水利工程安全生产风险管理体系建设[J].东北水利水电，2022，40（9）：56-57.

[71] 李树森，刘军.水利工程建设质量与安全监督工作面临的问题及方法探讨[J].内蒙古水利，2019（6）：69-70.

[72] 孙继昌.中国水利工程安全与管理[J].水利建设与管理，2017，37（12）：1-5.

[73] 温剑镔.探究大型抽水蓄能电站施工关键技术[J].黑龙江水利，2017，3（7）：65-68.

[74] 郑霞忠，陈云，向玉华.抽水蓄能电站面板施工安全性态概率分布计算方法[J].中国安全生产科学技术，2015，11（6）：164-169.

[75] 罗绍基，刘学山.抽水蓄能电站地下工程关键技术研究[J].水电与抽水蓄能，2016，2（5）：1-6.

[76] 刘文禧，李根，段稳超.长龙山抽水蓄能电站安全生产标准化工作介绍[J].人民长江，2019，50（S1）：327-329.

[77] 侯守伟.抽水蓄能电站工程建设安全风险管控实效性探析[J].项目管理评论，2018（6）：133-135.

[78] 郭朝先.2060年碳中和引致中国经济系统根本性变革[J].北京工业大学学报（社会科学版），2021，21（5）：64-77.

[79] 华丕龙.抽水蓄能电站建设发展历程及前景展望[J].内蒙古电力技术，2019，37（6）：5-9.

[80] 曹朝阳.水利水电工程施工安全管理与安全控制[J].中国水运，2019（10）：114-115.

[81] 张忠桀.基于本质安全理论的抽水蓄能电站工程建设安全管理体系的应用研究[D].广州：华南理工大学，2018.

[82] 李佩.水利水电工程施工现场危险源管理研究[D].保定：河北农业大学，2013.

[83] 朱双娜.建筑施工安全事故致因系统构建及关联分析[D].武汉：华中科技大学，2019.

［84］ 郭泽群.承插型盘扣式钢管支架稳定承载力研究[D].郑州：河南工业大学,2019.

［85］ 钱晓军.盘扣式及碗扣式钢管支架节点试验及应用技术研究[D].南京：东南大学,2016.

［86］ 毛宏智.抽水蓄能电站地下厂房自然通风计算方法及控制策略研究[D].重庆：重庆大学,2021.

［87］ 李浩天.抽水蓄能电站地下厂房施工工序及通风策略研究[D].北京：北京建筑大学,2021.

［88］ 宋绪国.宝泉抽水蓄能电站项目建设安全风险管理体系构建研究[D].保定：华北电力大学（河北）,2008.

［89］ 杜成波.水利水电工程信息模型研究及应用[D].天津：天津大学,2014.

［90］ 李芬花.水利水电工程系统的风险评估方法研究[D].北京：华北电力大学（北京）,2011.

［91］ 刘思远.抽水蓄能电站工程施工阶段安全管理体系研究[D].广州：华南理工大学,2019.

［92］ 杨哲.水利工程项目施工阶段安全成本优化研究[D].保定：河北农业大学,2015.

［93］ 张海龙.中国新能源发展研究[D].长春：吉林大学,2014.

［94］ 何小军.抽水蓄能电站工程安全监测自动化应用研究[D].青岛：山东大学,2017.

［95］ 郑丽娟.水利水电工程施工安全评价与管理系统研究[D].保定：河北农业大学,2015.

［96］ 赵婷婷.荒沟抽水蓄能电站运维人员岗前培训方案研究[D].长春：吉林大学,2021.

［97］ 郑佳伟.建筑施工安全生产危险源辨识及控制研究[D].衡阳：南华大学,2018.

［98］ 张乃超.建筑工程施工安全评价体系研究[D].西安：西安理工大学,2010.

［99］ 刘继东.建筑工程施工安全管理研究[D].北京：北京建筑大学,2019.

［100］ 王欣.建筑业主施工安全管理模式研究[D].武汉：华中科技大学,2013.